失控的數位行銷

破解36種行銷迷思，精準掌握網路集客術

臂守彥／著
王美娟／譯

前言

感謝你拿起這本書。

這是一本專為想利用網路招攬客源、提升業績的你所打造的書。

・想在網路上招攬客源，嘗試了很多方法，但都不太順利
・想在網路上招攬客源，卻不知道該怎麼做才好
・讀了傳授Know-How的書籍或教材，卻無法運用自如

有這類煩惱的你能遇見這本書，真的很幸運。

不順利的時候，真教人不知如何是好。我很了解這種心情。

不過，你放心。

只要在閱讀電腦、網路、行銷相關書籍之前，先看過這本書，便能200%運用各種Know-How解說書與專業書籍。

＊＊＊

為什麼我敢這麼說呢？

這是因為本書裡所要傳授的是，實際運用各種技巧、Know-How、手法，在網路上招攬客源、販售自家商品或服務時，一定要先了解的大前提，以及針對常見錯誤與誤解該如何修正的方法。

利用網路集客卻失敗，大多是因為觀念錯誤，或是並未了解全貌與預備知識。

在此先提一下全貌中最關鍵的部分。要在網路上販售商品或服務給顧客時，大多得經過以下3個階段。

・集客
・教育（提供價值・建立信賴關係）
・銷售

由於沒搞清楚自己為招攬客源或提升業績所做的事，屬於上述的哪個階段，或是缺乏必要的知識，才會導致「雖然招攬到客人，東西卻賣不出去」、「雖然招攬到的客人願意購買，絕對數卻低得可憐」這類「不順利」的情況。

當你進行得不順利時，只要掌握全貌，了解自己在做什麼、為了什麼而做，多少就能明白問題出在哪裡、該從何下手，繼而擬訂對策。

＊＊＊

本書舉出不少實際利用網路集客時，剛入門的新手容易犯下的錯誤。

書中提供能避免你使用錯誤方法的重要資訊與知識，讓你在閱讀的同時，不知不覺學會網路集客的必備知識。

內容包含利用網路前必須具備的觀念，以及基礎知識與技巧。我盡可能介紹許多自己的失敗經驗、自家客戶的失敗經驗、諮詢者的誤解或煩惱，並針對問題一一解答。

因為我的工作是製作與販售講座和補習班的教材，所以舉的大多是這方面的例子。不過，無論販售的是何種商品或服務，本書的內容絕對能幫助想在網路上招攬客源，或是想販售東西的人。

如果你願意讀到最後，這將是我的榮幸。

2016年12月

臂守彥

目次

第2章 未了解網路集客的全貌而犯下的錯誤

第3章　再怎麼努力也不會帶來業績的錯誤

第4章 不會帶來成果的錯誤用錢方式

第5章　白白浪費經費的錯誤委託方式

第1章

進行網路集客前的危險誤解

1「只要利用網路就賣得出去吧？」

生意根本做不下去症候群

A來找我諮詢。

「我推出9800日圓的諮商服務，雖然有顧客上門，業績卻完全沒有成長，想以此維生仍有一段很長的距離。」

這是拿自己的嗜好或畢生事業作為副業的人，經常面臨到的狀況。A的集客方式，就是透過自行經營的部落格接受顧客洽詢，再提供付費的諮商服務，但他的商品只有9800日圓的諮商服務而已。

如果要靠9800日圓的諮商服務，達成月營業額100萬日圓的目標，每個月必須接到100件以上的案子才行。想招攬這麼多顧客，只靠部落格實在很不容易……。

畢竟A是第一次在網路上做生意，這也不能怪他。最後我給A一些建議，並灌輸他應有的基本觀念。

◉以低廉價格販售好商品，必定有其原因

以下要說明的是，新手與沒學過行銷的人必須知道的基本觀念。假如你已了解「前端商品」和「後端商品」的意思（而且已付諸實行），可以直接略過這一節。

「這項商品如此出色，為什麼要以這麼低廉的價格販售呢？」

你是否有過這樣的疑問？

事實上，成功利用網路招攬到願意花錢的顧客、順利賣出商品的公司，其銷售過程通常分為2個階段（或3個階段）。

而價格低廉的商品，就放在第1個階段販售。

◉要顧客向陌生的公司購買商品難度很高

為什麼要這麼做呢？

你在網路上購物時，應該不會貿然購買價格昂貴的商品吧。

「這家公司真的存在嗎？」

「賣家是間怎樣的公司？」

「付這麼多錢真的沒問題嗎？」

向陌生的公司或個人購買東西時，必須克服許多障礙。要顧客立即購買，難度實在不低。

若要達成「購買」這項結果，就必須逐一克服「讓顧客發現自己」、「讓顧客信賴自己」、「讓顧客購買自己的商品」這些障礙。

販售的商品或服務愈不出名、售價愈貴的話，難度也愈高。

◉用來克服障礙的商品，與用來創造利潤的商品

若要克服這些障礙，我們可以使用這樣的手法：先販售免費或價格超低（媒體購物的話就是幾百日圓；講座的話就是幾千日圓）的商品，蒐集潛在顧客名單，以便日後向他們銷售你真正想賣的商品。這種時候，為了蒐集潛在顧客名單而販售或發送的商品，也就是所謂的誘餌，稱為「前端商品（集客商品）」。

之後，再向購買前端商品的人，銷售價格更貴、利潤率更高的商品或服務，以回收前端

商品的成本，並創造更大的利潤。用來創造利潤的商品則稱為「後端商品（獲利商品）」。

換言之，就是以下流程：

①利用前端商品吸引許多潛在顧客

←

②（向招攬到的顧客發布資訊，讓他們了解前端商品的優秀之處，建立信賴關係）

←

③招攬到許多顧客後，向他們銷售後端商品，獲得龐大利潤

在電子商務界與媒體購物的圈子裡，以這2個階段（3個階段）進行銷售的做法，已成為業界的常態。

最近經常可以看到，健康食品或保健食品的電視購物廣告。在廣告中標示價格，同樣是依循這種階段性流程的銷售手法。

◉如果沒有後端商品，再怎麼研究前端商品的銷售方法也毫無意義

言歸正傳，本例的A就是處於以下狀態：

- 前端商品……9800日圓的諮商服務
- 後端商品……沒有（難以置信！）

A一直在缺乏獲利商品的狀態下，銷售無利可圖的服務。

懂這個觀念的人，肯定會覺得「他怎麼這麼傻」，但不曉得的人很容易犯下這種錯誤。

於是我建議他，與其在這種狀態下研究改善方法，不如重新檢視事業全貌。

◉能在初期判斷生意是否做得下去的方法

要從頭詳細說明實在很麻煩，在理解上也會很吃力。為了讓你有個大致概念，在此介紹「新手適用！超簡略的商業模式檢視方法！單月收支篇」。

①調查世上有多少人可能成為潛在顧客。

為了能更容易理解，這裡就假設我們尚無潛在顧客名單。

首先，以潛在顧客可能使用的關鍵字，調查搜尋量有多少。我們可以利用免費的Google關鍵字規劃工具（Keyword Planner）調查這項數據。

> **・關鍵字規劃工具**
>
> https://adwords.google.com/intl/zh-TW_tw/home/tools/keyword-planner/

這裡就省略關鍵字規劃工具和分析方式的說明。如果想了解詳細內容，請參考這方面的專業書籍。

假如在這個階段就完全搞不懂，建議你乾脆放棄利用網路行銷，抑或考慮採取其他做法（例如傳單或DM這類不需要使用網路的方法）。

另外，關鍵字規劃工具最近做了調整，沒買廣告的人只能使用簡易功能。由於資訊錯綜複雜，難以確切說明如何開設帳號投放廣告，以及如何使用關鍵字規劃工具的所有功能，而且資訊天天都會更新，建議你每天上網搜尋查看。

②調查之後，假設潛在顧客當中，有○%的人會成為自己的顧客（願意瀏覽網頁）。

不用精密的計算，只要粗略估計就行了。舉例來說，以下是在Google搜尋某個關鍵字（例如「集客」）時，搜尋結果第1筆到第10筆的點擊率資料（2014年英國NetBooster的調查）。

- 第1筆……19．35％
- 第2筆……15．09％
- 第3筆……11．45％

第4筆以後則低於10％。因此可以這樣假設：若排在搜尋結果第1筆就是20％左右。

重點是，要有「與其關注實績數字，不如分析數字」之觀念。

③計算預估營業額。

首先，假設瀏覽網頁的人當中，有○%的人會購買前端商品。

接著，再假設購買前端商品的人當中，有○%的人會購買後端商品。

合計這2個數字，就能算出預估營業額。

④預估要花的經費。

列出若要達成②、③假設的數值，（可能）需要的「製作費」、「廣告費」、「商品或服務的成本」。如此一來就能粗略算出預估經費。

> **預估營業額－預估經費＝毛利有多少？**

觀察這些數字，就能大致判斷「到底該不該投入？（生意是否做得下去？）」、「如果已經投入，該如何改善結構以獲得利潤？」。

此外，如果再將①～④細分化，當結果不如預期時，也能幫助你掌握「哪個部分做不好？該改善哪裡才好？」。關於這點，我會在其他章節加以說明。

A同樣一面摸索一面重新檢視商業模式，聽說他藉著薄利多銷避開了入不敷出的窘境。目前A正接受我的指導，學習高價後端商品的製作方法和銷售方法。

◉可以的話，取一段期間來計算會比較理想……

其實比較好的做法是，不以單月計算，而是取一段期間算出顧客的LTV（顧客終生價值，簡而言之就是1名顧客能為公司帶來的收益總和），判斷哪個時間點能夠產生盈餘，或是根據LTV計算要花的經費。

只要能計算出這些數據的話，就能反過來看出○個月內就能轉虧為盈。因此，即便知道初期會虧損，依然能放心地支出經費。

像生意興隆的媒體購物公司，都是根據這些計算結果，用難以置信的價格販售前端商品。

不過，新手要計算這些數據應該會一個頭兩個大吧，所以只要粗略計算就夠了。總而言之，請你先從粗估數據、擬訂計畫著手吧。

教訓◎不先描繪藍圖再開始就會出意外

起步之前，先仔細繪製藍圖（擬訂計畫），就能降低失敗的機率。如果你已衝動地投入事業，想順利招攬到客源，就重新檢視商業模式，並且努力改善以提升利潤。

2 「我打算創立新事業，想先利用網路招攬客源。」

人人都辦得到之網路萬能症候群

我在某場交流會上遇見B。

B告訴我，他打算推出一項服務，將大學教授這類研究人員需要的資訊，整理成一份報告再提供給他們。

我問他：「你要怎麼招攬客源呢？」他回答：「利用網路……我打算先經營部落格……」

於是我又問：「為什麼選擇部落格呢？」他表示，其實是因為「自己不懂其他的集客手段（更正確地說，他根本不知道該怎麼集客）」，以及「事業還沒起步，自己缺乏資金，沒錢打廣告」，所以才決定先經營部落格。

結果如我所料，很遺憾的，至今B仍不曾藉由部落格獲得顧客。

◉利用網路真能輕鬆集客嗎？

看完B的故事後，或許有些人會笑他傻。其實，在現實生活中會做出相同行為的人還真不少。

若問這些人「為什麼要這麼做？」，他們大多會回答：「因為利用網路的話，似乎能輕鬆招攬到顧客。」

利用網路理應能輕鬆集客才對，為什麼他們卻招攬不到顧客呢？

「利用網路就能輕鬆集客」是真的嗎？

B該怎麼做，才能招攬到顧客呢？

我們先來討論這幾個問題吧！

◉利用網路招攬客源，其實很辛苦的！

顧客造訪你的網頁（部落格、網站或登錄頁）的途徑，基本上只有以下3種而已（在集客方面，直接輸入網址這類途徑再怎麼研究也沒用，因此這裡就不列入了）。

・廣告（光是列出網路廣告手法並一一詳加解說，就足以寫成一本書，因此這裡就省略個別的內容介紹）

・搜尋（搜尋引擎最佳化〔SEO〕，即是讓自己的網頁，在顧客為解決煩惱或疑問使用Google或Yahoo!等搜尋引擎時，能夠顯示在搜尋結果的前幾筆，增加網頁的瀏覽人數）

・社群網站（從早期的mixi，到現在的Facebook、Twitter、Instagram等等，流行的服務總是隨著使用者年齡層與時代而不斷改變）

因此，以B的部落格為例，若要讓人造訪部落格，首先必須採取以下其中一種方法。

・思考「可能成為顧客的人有什麼煩惱？」、「為了解決煩惱，他會用什麼關鍵字搜尋？」、「為了解決煩惱，他會蒐集什麼資訊？」，然後利用關鍵字讓自己的網頁顯示在搜尋結果的前幾筆，並撰寫能夠解決搜尋者煩惱的文章，吸引他們瀏覽網頁（從選定關鍵字到調查搜尋量、調查競爭對手，這段過程中有很多事情要

做。不過，現在只要掌握全貌就好，這裡就省略詳細說明了。想進一步了解的人，請參考Know-How或技巧方面的專業書籍）

・打廣告吸引大家造訪自己的部落格（在部落格打廣告的好處與壞處，以及具體的廣告手法，這裡省略不談）

・在社群網站上發文，吸引大家造訪自己的部落格（這裡省略詳細的技巧說明）

假使B的努力有了成果，終於有人造訪他的部落格，B還得設法讓訪客看完文章才行。而且，不只要讓訪客觀看文章，還必須藉著可解決顧客煩惱的文章，獲得訪客的信賴，使他想要這項服務才行。因此，B必須撰寫可解決顧客煩惱並獲得信賴的文章，以及能使訪客想要商品或服務的文章。做完這些事後，還要設法讓訪客採取洽詢或購買等行動。

總而言之，並不是只要在部落格上寫寫文章，讓網頁顯示在搜尋結果的前幾筆就好。若要利用網路招攬客源，雖然價格高低、每個程序進行得多用心，都會影響結果，但基本上必須完成以下3個步驟：

①要能吸引人造訪
②透過螢幕與看不見長相的人建立信賴關係
③使訪客採取購買（或洽詢）之行動

為此要做的準備真的很多，諸多勇士每天都在一級戰區廝殺大戰。不過，這真的是人人都能輕鬆辦到的事嗎？

◉「利用網路就能輕鬆集客」的真正意思

「利用網路就能輕鬆集客」這句話的真正意思，並不是「只要利用網路，任何人都能輕鬆招攬到顧客」。

所謂的「能夠輕鬆集客」，其實是指「在網路上，自己不必靠雙腳四處奔波，甚至不用花到一毛錢就能招攬到顧客」。

我從事的工作也是利用網路招攬客源。利用網路，確實可蒐集到大量素未謀面的潛在顧客名單。

像我是利用聯盟廣告、Facebook廣告、優先排序廣告和電子報廣告招攬客源；有些人是經營部落格或成立媒體網站，再透過Google之類的搜尋引擎招攬客源；有些人善於運用Facebook或Twitter之類的社群網站招攬客源；有些人則是利用廣告集客的專家。

那些成功招攬到顧客的人，他們做的事情其實非常縝密。沒做過的人當然不可能一下子就輕鬆辦到。雖說只要學習有效的方法，然後按照正確步驟實踐那個方法，並達到必要的行動量，就能招攬到顧客，但這並非一朝一夕、人人都能輕易辦到的事，而且不見得馬上就有結果。新手未必「不會成功」，但鐵定需要花上一段時間。

◉你等待得了這段時間嗎？

還有一個令人煩惱的問題是，要學會有效的方法必定要花上一段時間。

由於這段期間無法利用網路創造令人滿意的業績，從經商角度來看，我們也要考量自己能否撐得過這段沒有業績的時期。B的情況也是一樣，在始終沒有業績的狀態下等顧客上門，只會讓身上的錢愈來愈少，因此B當然不能在一毛錢都沒賺到的情況下一味等待。

無論是面對面還是透過網路，建立信賴關係都要花上一段時間。要跟陌生人建立信賴關係，單靠螢幕交流，得比面對面交流花上更多時間與心力。

尤其B提供的服務，必須先讓顧客認識、信賴自己，顧客才願意洽詢或申請。

當然，從長遠觀點來看，建立線上集客途徑對事業有很大的好處，先建立起來絕對比較好。

但是，請你回過頭來想一想手段和目的。我們的目的是招攬客源，沒必要將集客手段侷限在部落格或網路上。利用網路招攬客源之前，你還有很多方法可以嘗試，例如：「向交換過名片的人這類有可能成為潛在顧客的人物，發送電子郵件或信件」、「設法聯絡潛在顧客，跟對方見面」、「找人商量看看」、「發送DM」……等等。

假如行動之後對方能成為顧客，那就再好不過了。即使不能，從有可能成為顧客的人物身上，獲得關於自家服務的回饋訊息，也是非常寶貴的成果。你可以檢驗自己的想法或計畫，是否符合目標顧客的需求，也能運用這項調查結果進行改善，推出更好賣的商品或服務。這樣的成功案例不勝枚舉。

與其在搞不清楚狀況的情形下，對網路抱持淡淡的期待，經營部落格卻失敗，不如先想想有哪些事是自己做得到的。

教訓◎以達成目的為優先

從零打造網路集客的機制，需要花上一段時間。事先做好這項心理建設，比較不用擔心會受重傷。

網路集客終究只是手段而非目的，因此沒必要將達成目的的手段局限在網路上。不順利的時候，就回頭重新想一想「為了什麼而做？」，也要思考有沒有不用網路也能先做的事，或是有無能跟網路同時進行的事。

3 「只要吸引訪客，累積名單就行了吧？」

忘記螢幕上的資料原貌之冷漠無情症候群

C是一名顧問，專攻運用eBay（全球最大拍賣網站，類似台灣Yahoo!拍賣）的出口事業。

我曾跟C共事。無論做生意還是做人，他都是個很了不起的人，我也很尊敬他。我認為C平常提醒學生及客戶的內容，是經商一定要有的重要心態，以下就介紹他的見解。

「螢幕的另一邊是人。我們不是在跟螢幕上的文字溝通，而是在跟人溝通，千萬不能忘記這點。」

C表示，eBay的特色就是十分保護得標者（買下拍賣品的顧客），如果賣家跟買家溝通不良，或是敷衍了事，賣家就會得到負評（負評對於在eBay做生意的賣家而言，可是攸關生死的問題）。因此工作時，必須謹記自己是在跟人溝通，而不是在跟

螢幕上的文字溝通，這點很重要。

◉螢幕上的資料原貌

極端而言，網路世界是一個完全不必跟顧客面對面，就能做成生意的地方。因此，千萬不能忘記C強調的心態。

在使用電腦工作已成常態的現代社會裡，無論是處理行銷工作、用電子郵件跟顧客溝通，或是管理庫存，我們幾乎沒有一天不看螢幕上的資料。

像洽詢郵件這類可以清楚感受到人的存在的東西，當然不難理解這個道理。但是，實際在進行行銷活動時，每天看著更新的數據，往往就會不小心忘記，這些數字或資料究竟從何而來。

舉「１００」這個數字為例，假如上傳到YouTube的影片觀看次數為１００次，撇開「1個人看１００次」這種特殊情況不談，這代表「有將近１００個人看過影片」；假如自家網站的不重複使用者人數（造訪網頁的人數）為１００，則表示「有１００個人瀏覽過網頁」。

如果銷售額為100萬日圓，可能代表有100個人購買1萬日圓的商品，或是有1個人購買100萬日圓的商品。

將數字置換成個人來檢視，就能更容易掌握實際情形。

◉不是數字而是人

談到心態（Mindset），講話時要盡量使用感受得到人的存在的遣詞用語。不是單純的名單，而是「潛在顧客名單」、「購買者名單」、「顧客名單」。洽詢件數要以「〇人」為單位，而非「〇件」。

正因為這些是顯示在螢幕上的資料，工作時更要謹記螢幕的另一邊是人，否則就只會注意表面上的數字，而不會考慮到顧客。

◉當成數字看待，東西就賣不出去

遺憾的是，確實有些人只把注意力放在數值的變化上，沒有考慮到顧客。

我身邊的夥伴中沒有這樣的人，但跟我一樣從事製作與網路行銷的人當中，有人只關注自己的業績數字（把顧客當成業績看待的人），也有人下意識地認為，只要能增加眼前的業績，不管購買自己的教材或服務的人會怎樣都無所謂。

這種態度會在平常的言談中流露出來，顧客馬上就能察覺到。就是因為有些人只重視自己的業績，或是強迫推銷對顧客沒幫助的爛商品或爛服務，害我們的工作招致不小的誤解。

坦白說，我時常為此感到氣憤。我們該注意的是，要透過自己的商品或服務，帶給願意花錢購買的顧客幸福。

只要你工作時有考慮到願意花錢的顧客，業績自然就會增加。

◉火耕和LTV

為了增加眼前的業績，只要東西賣得出去，其他的事怎樣都無所謂——做生意若抱持這種想法，必定會失敗。

如果像火耕那樣，等這裡沒收穫後就移到下一塊田地的話，反覆做著同樣的事不僅累人，要尋找下一塊肥沃的土地也會愈來愈困難。

若要避免這種情況，就必須注意LTV（顧客終生價值）。

簡單來說，就是1名顧客購買自己或自家公司的商品或服務所支付的金額總和，扣掉經費（為了獲得顧客所花的廣告費等各種費用）後的金額，亦即1名顧客能帶給自己的利潤總額。

假如抱著「只要賺到眼前的利潤就好」、「只要東西賣得出去，顧客會怎樣都無所謂」之態度強迫推銷，就算顧客一開始願意購買，倘若商品無法令他滿意（以及無法讓他感動），就不太可能再次光顧。剛開始的業績或許會增加，但從長遠觀點來看，由於LTV不會增加，生意反而會逐漸衰退。

反之，若認真思考如何透過自己的商品或服務，帶給眼前的顧客幸福，並提供超過價格的價值，便能獲得願意一再光顧的好顧客（優良顧客），LTV也必然會成長，生意當然蒸蒸日上。

做生意時必須時時留意，自己經營事業的方式是否像火耕那樣？有無採取能讓LTV成長的做法？顧客是否願意持續光顧？這幾點很重要。

C很重視學生與客戶的幸福，並提供超過售價好幾倍的價值，因此吸引客戶長期光顧，LTV持續成長，生意也興隆繁盛。切記，顯示在螢幕上的資料或文字，全是螢幕另一邊的人發出的訊息。

教訓◎螢幕的另一邊是人

儘管是透過螢幕交流，別忘了你是跟人做生意。

不要一次定輸贏。認真地長久經營，也許不酷，也許很土，但以結果而言卻是最成功的做法。

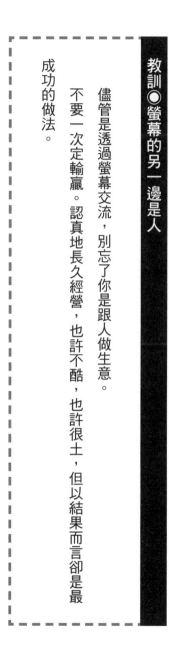

4

「只要盡量蒐集許多電子信箱就行了吧？」

只管累積許多潛在顧客症候群

這是D利用網路為講座招生時發生的事。由於不需要招攬太多顧客，他便利用聯盟進行集客。

幸運的是，有不少推廣者樂意為D介紹，最後招攬到約莫２０００名潛在顧客，並取得這些人的同意，能夠發送資訊給他們。

「２０００」這個數字絕對不算多（甚至比我平常的成績還少）。不過，由於這是小規模講座的集客專案，這樣其實就夠多了。按照計畫，只要能招攬到２０００人，即便成交率只有2%，２０００人當中至少也有40人會報名付費講座。以小規模的講座來說，這次招攬潛在顧客的成績相當不錯。

然而，計畫最後卻落空了，報名付費講座的只有11人。儘管沒低於損益平衡點，坦白說這個數字實在稱不上是好結果。

◉聯盟廣告是很出色的集客手法，但……

聯盟廣告是一種成效型廣告，先請推廣者（Publisher）在自己的電子報、部落格等媒體上刊登廣告，達成目標（例如：登錄電子信箱、索取資料、洽詢、購買商品）時才需要支付廣告費。

只要運用得當，起初不必花一毛廣告費，就能在短期內招攬到大量客源。

而且，經由具影響力的推廣者，將你的商品或服務介紹給他的讀者或粉絲（已建立信賴關係的人），等於你的商品或服務有了推廣者掛保證。因為能夠借用推廣者或媒體的信賴力，所以能吸引到有機會成交的潛在顧客。

◉打廣告的地方有客人嗎？

既然這樣，為什麼D運用聯盟廣告，招攬到夠多的潛在顧客，講座的報名人數卻遠低於目標，落得慘敗的結果呢？

介紹D的案子、幫忙蒐集潛在顧客名單的推廣者當中，有人是透過分享各種可在網路上使用的工具來蒐集名單。

我們暫且稱這位推廣者為E好了。

E是位頗具集客力的推廣者，這項專案蒐集到的潛在顧客名單，有15%左右是他提供的。

然而，遺憾的是E經營的媒體，讀者全是對可在網路上使用的方便工具感興趣的人，至於會參加講座的人，亦即對D提供的服務有興趣的人卻一個也沒有。因此，E介紹的潛在顧客，無人報名付費講座。

想當然，即使吸引再多完全不可能成為顧客的人，也無法帶來業績。這等於是在沒有潛在顧客的地方打廣告，所以才會成效不佳。

◉顧客在哪裡？

這次舉的事例，湊巧是運用聯盟廣告集客。如果是利用部落格集客，就必須撰寫能讓有機會成為潛在顧客的讀者，用跟生意有關的關鍵字能搜尋到的文章，否則就可能發生「雖然吸引到訪客，想招攬的顧客卻完全不來」之窘況。

不消說，即使吸引再多跟自家生意沒什麼關係的訪客、即使蒐集再多沒什麼購買希望的名單，也無法期待他們能帶來業績。舉販售英語會話教材為例，如果能在跟英語會話有關的電子報、媒體或部落格進行聯盟行銷或打廣告，便可更有效率地集客。如果在讀者只對投資或副業有興趣的媒體上打廣告，就有可能招攬不到潛在顧客，或是吸引到無法成為潛在顧客的人。

集客時必須想一想，有機會成為顧客的人在哪裡。

◉也該視顧客屬性，考慮使用網路以外的手段

思考自己的顧客在哪裡時，或許會發現有些族群很難透過網路找到他們。舉個簡單好懂的例子。假如你的顧客是70歲以上的長者，只靠網路接觸他們，絕對很沒效率吧？

網際網路，以及電視、廣播、報紙、雜誌、DM、傳真DM等傳統的非網路媒體，終究只是集客的手段罷了。如果目標顧客很難透過網路找到他們，抑或效率不佳，就該考慮使用網路以外的手段。

畢竟我們的目的是招攬客源提升業績，沒必要堅持使用網路這個手段。

想查出能成為顧客的人位在何種媒體上，就必須盡可能測試各種媒體，不要局限於一種媒體。

這是很理所當然的事，然而辦不到的人卻意外的多。建議你不妨重新想一想自己的顧客在哪裡。

◉「1名『願意花錢的顧客』」VS「100名『不買的潛在顧客』」

訪客和名單都是重「質」不重量。

即使吸引再多潛在顧客，假如最後無法創造業績，依舊沒有任何意義。不要只顧著累積數量，你還要注意「品質」，想一想何種潛在顧客能帶來業績。

那麼，若要盡可能招攬大量能帶來業績的潛在顧客，也就是重視品質的話，該怎麼做才好？

辦法很簡單，就是選擇有顧客在的媒體。舉例來說，如果是聯盟廣告、電子報廣告或純廣告，分辨「幫忙介紹的推廣者所經營的電子報或部落格等媒體、刊登廣告的網站，其讀者都是些什麼樣的人？」、「刊登廣告的媒體上，是否有許多可能成為自家顧客的人？」就很重要。

儘管我們無法調查得一清二楚，不過根據媒體的資訊、發布的訊息內容，仍可掌握到不少線索。

重點就是，無論採用何種集客手法，都必須了解「有可能購買自家商品或服務的潛在顧客」是怎樣的人。

因此，你必須先知道「最終願意購買或申請的顧客是怎樣的人？」，否則就無法掌握潛在顧客的形象。

假如是剛推出的新服務，就必須根據以前的資料或類似服務的顧客，預測並創建顧客形象。如果可以的話，你也能利用問卷或訪談蒐集資訊，調查以前買過自家商品或服務的顧客是怎樣的人。

切記，要盡量吸引有頗高機率成為自家顧客的「優質」訪客、蒐集「優質」名單，並從這個觀點選擇刊登廣告的媒體。同樣都是投資，如果能獲得優質訪客或名單，便能創造相應的業績。

教訓◎並不是只要招攬到人就好

招攬到有可能花錢的潛在顧客才有意義。
不要只重視數量，也要考慮品質。

5

「等內容都完成再推出吧！」

講求完美無法推出新作的創作者症候群

E起先一邊上班一邊經營副業，後來因業績蒸蒸日上，他便辭掉工作，專心經營買賣。

由於生意經營得很順利，業績也持續成長，他打算將自己從經營副業到創業的Know-How，以教材或講座的形式販賣給許多人，於是來找我諮詢。

我建議他：「總之，先決定內容概要，立刻賣賣看吧！」但E卻回答：「不行，我還沒準備好。我打算等教材內容完成後再開始販售。」

之後，E一再重複著「完成教材內容後又修改，完成後又修改」的行為。畢竟本業經營得很順遂、很忙碌，也沒給任何人添麻煩，所以沒理由急著推出。此外，隨著經驗與實績的累積，E的Know-How也益發精湛宏深，因此教材遲遲無法完成。結果拖著拖著，市面上陸續出現跟他想賣的Know-How一樣的競爭商品。

教材內容分明很出色，要推出卻為時已晚。
現在，E的教材就算推出也賣不掉了。

◉時光一去不復返

「因為尚未準備就緒，總覺得還不可以開始。」
「沒做好準備就會失敗，所以很怕實行。」
「不想失敗，害自己丟臉。」

許多人都有這樣的煩惱。E也是其中之一。

本次的案例，是因為E誤以為「自己還沒準備好，所以不可以販售」，才會落得完全沒業績的下場。

像E這樣，明明擁有能大賣的Know-How，卻一直等到內容完全準備好才公開，其實是非常浪費的做法。

製作提供給顧客的內容，需要花費龐大時間。假如等到全部完成後才賣給顧客，當商品完全賣不出去時，製作期間所付出的時間與勞力也全都白費了。失去的時間不會再回來，此外連可稱得上是業績的數值都沒有，這種狀態就跟什麼事也沒做一樣。

◉與其「做好再賣」不如「賣了再做」

因此，若要販售Know-How或講座，最好先決定內容概要或框架，然後儘早推出觀察反應（當然，大前提是一定要有能夠提供的內容，以及無論結果如何都一定要提供）。推出後有可能會失敗，但我們可以藉此觀察顧客的反應，獲得的結果也可作為資料累積起來。

如此一來，就能根據累積的資料修正及改善，做出更能直接解決顧客問題的「熱賣」商品。以結果來說，這樣的流程可以縮短成功的時間。

簡而言之，販售商品或服務時，不要「全部做好才賣」，你應該「在製作前先決定內容試賣看看，一邊觀察反應一邊改善，製作能熱賣的內容」，這才是成功的捷徑。

實際推出時，如果得到預期的反應，當然就沒有任何問題。只不過，有時也會發生反應不太好、得到的數值不如預期之情況。

這時若是放棄，就會以失敗告終；若在推出後進行改善，便能接近成功。

只要一直改善到成功為止，失敗就不再是失敗。

◉失敗為成功之母

像我們替策劃的講座或補習班招生時，也會製作並公開「登錄電子信箱就送贈品」的登錄頁（Landing Page），但並非每次都能達成目標登錄率。畢竟這有標準流程，所以落差不至於太大，然而有些時候登錄率仍舊不如預期。

為了應付這種情況，我們會準備數種大標題（開啟網頁時最先看到的廣告標語）不同的網頁，一邊進行分割測試一邊改善。

分割測試是一種檢測網站或網頁成效的方法，亦稱為A／B測試。

這項測試是讓訪客隨機前往A或B的2種版本（也有用3種以上的版本測試）的網頁，觀察何種版本的反應最好。

然後，留下反應率較佳的版本，將較差的版本換成新的版本，以淘汰賽方式進行測試，如此就能持續觀察顧客反應來改善反應率。

只要使用Google提供的免費分析工具「Google Analytics」，任何人都能輕鬆進行這項測試。

反覆測試並改善，常常能使登錄頁的成交率（轉換率）增加幾個百分點。

◉聚沙也能成塔

也許有人會想：「搞什麼，才幾個百分點喔？」其實在網路世界，這個數字能造成非常大的影響。為了讓你更容易想像影響有多大，我就舉個超極端的例子來說明吧！

假設你正在銷售1萬日圓的商品。

如果有100名訪客瀏覽你的登錄頁，而該網頁的成交率是10%，加以計算後，營業額即為：

> 100（人）×10（%）×1萬（日圓）＝營業額10萬日圓

這只是為了讓你更容易想像而舉的例子。假如測試這個登錄頁的開頭部分（大標題）後，使轉換率（成交率）增加5個百分點，營業額會有什麼變化呢？

以同樣有100名訪客瀏覽你的登錄頁的情況來計算，結果會是這樣：

100（人）×15（%）×1萬（日圓）＝營業額15萬日圓

假如換個大標題就能提高轉換率，你幾乎不用花一毛經費，就能獲得1．5倍的營業額。

◉廣告成效也會改善

除此之外，假如你花1萬日圓廣告費，吸引100名訪客瀏覽登錄頁，若轉換率為15%，即等於花1萬日圓廣告費能得到15名顧客。因此，引導1名顧客購買所花費的CPA（Cost Per Acquisition，獲客成本）如下：

1萬日圓÷15人＝666．6666……大約667日圓

但是，如果轉換率為10％，花1萬日圓廣告費只能得到10名顧客，因此CPA如下：

1萬日圓÷10人＝1000日圓

換句話說，你大概要花1．5倍的獲客成本。

總而言之，只要轉換率能增加5個百分點，就能得到以下結果：

．賣出相同數量所花費的廣告費可減少3分之1左右
．花費同樣的廣告費，可得到1．5倍的營業額

如此想來，轉換率增加5個百分點，確實是很大的數字呢。

◉邊跑邊想

無論你等多久，做好萬全準備的那一刻都不會到來。當自己擁有的東西某個程度能面世時，你就應該先拿出來觀察世人的反應，這點很重要。

也許有人會覺得：「給人看到未完成的狀態會很丟臉。」這點不必擔心。因為很遺憾的，世人並沒有你以為的那麼注意你。

在網路世界裡，我們能靠數字清楚知道，推出的東西是成功還是失敗。觀察世人的反應掌握現狀，要比學習Know-How或技巧多出１００倍的幫助。

這不是失敗。我們只是發現成功所需的當前數據，以及需要改善的地方。

E的情況也是如此，討論之後，我請他先暫停製作教材。我向E說明前述的內容，他也聽明白了，因此很乾脆地暫停作業。

暫停作業之後，我請他從以前接觸過的人當中，挑出能成為潛在顧客的人，接著在教材尚未製作完成的狀態下，通知他們要舉辦免費講座。

最後，向前來參加講座的人，銷售先前規劃的教材。結果挑選出來的潛在顧客當中，有

3成的人願意購買教材。

E的感想是：「早知道就早點這麼做了。」

唯有嘗試過的人才會這麼說。只要換個念頭，就能加快業績的成長速度。

教訓◎不要只顧著思考，要先往前衝，邊跑邊改善

我無意否定「做好準備」這件事。但是，不怕最初的失敗，在某個階段觀察世人的反應，確實是提升業績最快的捷徑。

6

「既然大家都賣得不錯，自家商品也會暢銷吧。」

只要內容好就應該會暢銷症候群

我主持的講座裡，有位名叫G的學員。

G是治療院的老闆。由於生意不錯，經營也步上軌道，G想要舉辦講座傳授Know-How。他打算包裝自己的授課內容進行銷售，卻無法順利招攬到顧客。

G投入的領域是諸多強者激烈交鋒的一級戰區，連我這個門外漢都不必調查，就能舉出10名開辦相同講座的人物。

他心想，縱使有這麼多人投入，大家仍經營得有聲有色，就表示這個市場很大，所以自己也會很順利吧。

抱持這種想法，難怪會招攬不到顧客。

◉令人震驚的事實：「真的沒人做這件事嗎？」

前幾天我舉辦講座，向有意自行開辦講座的人傳授集客方法。學員約莫30人，大家都有想拿出來開班授課的獨門絕活。我問他們，有無在準備階段，調查可能與自己競爭的對手。

結果，竟然沒有一人做過調查。

或許是因為，不少人只是抱持「有朝一日要舉辦講座，傳授這項絕活」這種籠統的念頭。不過，即便擁有出色的Know-How，如果推出的內容跟別人差不多而遭到湮沒，那就太可惜了。

假如商品分不出差別，看起來跟其他商品很像，顧客的選擇標準就只有價格而已。因此，顧客必然會選擇比較便宜的商品。

最後就會掀起低價競爭，陷入嚴酷的價格戰。

◉簡單地調查一下競爭對手

決定自家商品或服務的著眼點，抑或提供給顧客的方案內容時，重點是要了解敵人（也就是可能成為競爭對手的人），並且了解自己（自己持有的武器），設法找出能夠定輸贏的地方。

假如是能夠先行推出的商品或服務（例如講座），也是可以一邊測試一邊改善，不過一開始的時候最好還是先調查。

那麼，這裡就以G為例，整理一下可避免自己失敗的簡單分析。

①了解自己

自己「喜歡的事」、「拿手的事」、「現階段能取悅顧客的事」。想一想符合這3點，又能夠發布的內容。

像G就是經營治療院。

②了解敵人（競爭對手）

先調查世上有多少人經營的事業跟自己一樣。例如搜尋「經營治療院」這個關鍵字，能得到大約124萬筆結果，再從中挑出可能與自己的服務競爭的個人或公司。

這個時候可以多設置幾個著眼點，方便自己比較。好比說「目標」、「價位」、「內容」、「集客方法」、「經歷與實績」等等。然後，把查得到的資料全部列出來（列表不僅方便比較又一目了然）。

③了解世人（顧客）

盡量查出「無論要花多少錢，顧客都想解決的煩惱」、「顧客想要的東西」、「顧客選擇自己的理由」究竟是什麼。

最好的做法就是直接去問顧客。如果有困難，也可以多蒐集其他公司的顧客意見，或是做問卷調查。

◉找出「顧客向你購買的理由」

調查完以上的資料後，找出符合「對手沒接觸的部分」、「對手辦不到的部分」、「自己擅長、可以提供的強項」、「自己對顧客的價值（顧客迫切想要解決的煩惱、需求、獲選的理由）」這4點的部分。

只要透過這項作業，找出所謂的ＵＳＰ（Unique Selling Proposition，獨特賣點）、ＵＶＰ（Unique Value Proposition，獨特價值主張）或價值主張，亦即「顧客向你購買的理由」，就有了能跟先行者較量的本錢。

如果是有才能的人或是天才，用不著研究這些就能進行得很順利，但普通人若不認真分析就很難成功。

假如你能湊巧擊出一支全壘打，那的確很走運。可是，如果你不清楚成功的原因，待日後遇到挫折時就不知該如何應付，也無法重現，即使按照（自己認為的）成功模式去做也可能會失敗。

因此，建議你不要心急，要先腳踏實地進行分析。

◉建立假設，試賣看看

你必須先有自己的概念，以及充滿魅力、令顧客無法抗拒的提案，再去研究銷售措施，要不然成功機率並不高，除非是歪打正著。

舉例來說，假設有2個人向想提升治療院業績的顧客，提出同樣金額的諮詢方案，我們來比較一下兩者的提案內容。

A提案「花30萬日圓在6個月內讓業績增加為3倍」
B提案「花30萬日圓在3個月內讓業績增加為5倍」

如果顧客並不認識A和B，不受這類「個人」因素影響，通常都會認為B的提案比較吸引人吧。

不去分析競爭對手，沒發現周遭還有人提出比自己更具魅力的方案，因而招攬不到客源，經營也不順利的人相當多。製作自己的商品或服務時，若沒觀察周遭對手，就會遭遇這種失敗。

仔細分析確實可以摸清敵我之事，不過這裡的重點並非仔細分析，而是製作暢銷商品提升業績。

因此，別花太多時間分析，也別花錢，先進行小規模試賣，檢查自己根據分析建立的假設是否正確。

順利的話就擴大販售，結果不佳就檢討自己的概念和提案，再挑戰一次看看。

◉只關注自己就會失敗

另一個必須注意的重點是：「只關注自己辦得到的事，就很容易失敗」。以自己的工作為傲、最喜歡自己的工作、精通自己的工作……這樣的人往往看不見周遭情況。

世上多得是對內容有絕對的自信，東西卻賣不掉的人。我並不是說所有人都如此，但當中確實存在看不見周遭情況的人。

抱持著成見往前衝，有可能陷入「其實身邊存在著現階段不可能戰勝的競爭對手」之窘境。此外，就算你再怎麼關注自己辦得到的事，假如顧客沒有這樣的需求，那就只是自我滿足罷了。

無論如何，一定要從「自己能否提供顧客想要的東西，而且比其他公司更具吸引力」這點著手才行。

教訓◎知己知彼，百戰不殆

在你開口之前，先聽別人講話。過斑馬線時若沒仔細察看四周，就會被車撞而受重傷。起步前別忘了先進行最基本的調查，這點很重要。

7

「商品的優點應該有傳達出去啊……」

自家商品真的很棒喔症候群

說來丟臉，這是我在3年多前遭遇的失敗經驗。

當時我管理父親的製造業公司，由於東日本大地震的影響，公司完全接不到訂單。就在這個時候，我發現了一種加盟連鎖事業，主要代理在當時相當嶄新又出色（我覺得）的SEO服務。

之前我就認為目前的事業前景不佳，必須投入新領域才行，因此我也沒想太多，覺得「這個可行」就付了加盟金，展開這項事業。

可是，當時地方上的中小企業，大多對SEO服務不感興趣。某天，終於有認識的公司願意聽我介紹。當時的我完全沒有開發新客戶的業務經驗，緊張地前往那家公司，跟對方閒聊一會兒便進入正題。

為了讓對方了解SEO服務的優勢，我拚命強調商品的賣點。例如：「價格便宜」、「可顯示內部措施的改善報告」、「可立即設置導入連結」、「使用最新的資料探勘技術」、「可用圖表顯示每日的排序變動」……等等。

然而，我一個人說得口沫橫飛，對方卻完全不感興趣，這筆生意當然也沒談成。搭車回去時，我忍不住嘀咕一句：「用過之後就會知道它的好處啊……」

如今回想起來，這真是個可笑的失敗。可是，當時的我實在很心急，才會看不見顧客與周遭情況。

◉這是為誰提供的服務？

前述的失敗經驗，是太過喜愛自己的商品，抑或銷售商品力高的東西時常見的失誤。如果對自己的商品、服務或本領很有自信，更是容易犯下這種錯誤。

那項商品或許真的很棒。

不過，現在請你想一下自己的顧客。

你是為了幫上誰的忙，才推出自己的商品或服務呢？

為了自己？為了家人？都不對，應該是為了願意購買的顧客吧？

對客戶來說，必須先了解商品或服務的優點，並且想要那樣東西，才會願意花錢購買（雖然賣家的信譽或信用也是非常重要的因素，不過為了簡單說明基本觀念，這裡請忽略這類因素）。

那麼，若想讓顧客了解商品或服務的優點，並且想要那樣東西，我們該傳達什麼訊息才好？

◉只要傳達商品的優點，顧客就會想買嗎？

顧客是因為想要那項商品或服務——更正確地說，是該商品的功能或特色——才購買的嗎？

我們以前述的SEO服務為例，重新思考一下吧！

如同前述，我所強調的「價格便宜」、「可顯示內部措施的改善報告」、「可立即設置導入連結」、「使用最新的資料探勘技術」、「可用圖表顯示每日的排序變動」，全都只是「商品的功能與特色」。我的商品網站同樣只載明「功能和特色」，因此當然無法透過網站招攬到客源。如今回想起來仍然覺得很丟臉。

其實，顧客追求的並非商品的功能與特色，而是運用那些功能或特色後，顧客可以得到的「結果」與「未來」。

當顧客認為可獲得的結果或未來，能夠滿足自己的需求，抑或能解決煩惱時，他就會想要購買那項商品。

◉應該傳達的是利益

顧客購買商品或服務後，能夠得到的結果或未來稱為「利益（Benefit）」。

舉前述的SEO服務為例，我應該告訴顧客「使用這項服務，讓網站排在搜尋結果的前幾筆後，顧客可以獲得的結果與未來」。

使用這項SEO服務後，顧客可以得到的結果（以及顧客想要的結果）是：網站排在搜尋結果的前幾筆，客源因而變多，業績也隨之增加。所以，當初在洽商時，我應該要跟客戶這麼說才對：

「網站若排在目標關鍵字搜尋結果的前幾筆，訪問量就會增加。由於顧客有更多機會找到並造訪你的網頁，洽詢自然也會變多。這項服務不只能為商品或服務開拓新的銷售管道，業績當然也會隨之增加。」

必須像這樣聚焦於「利益」，亦即顧客想獲得的結果，而非「功能」，顧客才會願意聽我們介紹。

◉顧客的問題究竟是什麼？

相信你已經明白，「要聚焦於顧客能獲得的結果或未來」這一點。不過，還有一個問題必須先釐清才行。

那就是，「顧客真正想解決的問題究竟是什麼？」。

對自己的商品或服務愈有自信、愈有感情的人，愈容易誤把局部結果當成利益，忽略真正的目標。

舉前述的SEO服務為例，顧客能夠獲得的結果，可分為以下5個階段。

結果①網站排在目標關鍵字搜尋結果的前幾筆

結果②訪問量增加
結果③顧客找到並造訪網頁的機會增加○倍
結果④洽詢自然會變多
結果⑤於是，商品或服務的業績增加○倍

顧客真正想解決的問題，是這5個階段中的⑤提升業績吧。①～④是解決問題⑤的過程中能獲得的結果，並非顧客真正想得到的結果。

絕對不能搞錯這一點。

擬定訊息之前，更正確地說是研發商品或服務之前，必須先檢查自己要傳達的內容，是否符合「顧客真正想解決的問題」與「顧客真正想獲得的結果」，以及自己是否誤把局部結果當成顧客想獲得的結果，這很重要。

教訓◎顧客感興趣的，並非你的商品，而是顧客自己

不要只顧著說明商品的特色。擬定訊息時，必須檢查有無說明清楚利益，亦即顧客購買後能獲得的未來，以及利益能否解決顧客的真正問題，這點很重要。

8

「這是專為銀髮族開辦的講座，只要運用Facebook廣告就會有人報名吧？」

在沒魚的池塘釣魚症候群

—為了開發新客戶而大傷腦筋，於是找我諮詢網路行銷的問題。我們在東京都內的咖啡廳碰面，打完招呼後，—隨即問我：

「可以利用Facebook廣告招攬客源嗎？其實我們引進了新系統，所以想試試這個方法，請問會順利嗎？另外，我也想試著用影片之類的方式，請問影片能招攬到客源嗎？」

我只回了—一句話：

「我不知道。」

—很錯愕。由於他完全忽略重要的前提，我想灌輸他正確觀念，才故意這麼回答。當然，之後我便向他說明重要的觀念。

現實中應該沒人會做出像本節標題那樣的傻事，但採取類似行動而失敗的人其實還滿多的。

◉發現魔法特效藥時的心情

發現新的集客方法或手法時，你是不是就好像發現魔法特效藥一般，心想「這次說不定能成功」，很想立刻嘗試看看呢？這種心情我很能體會。

那個手法或許真有卓越的成效。假如你集客不順利，更會抱著死馬當活馬醫的心情嘗試新手法吧。

但是，盲目輕率地使用新手法，大多無法解決任何問題。其實這當中暗藏陷阱。想販售新手法的人，行銷時都會故意讓新手法看起來像魔法一樣，因此會有I那樣的反應也是正常的，這正是販售者打的算盤……。

◉我向I提出的最重要問題

聽完I的說明後，我大致了解他的工作內容、想賣的商品、想到的措施，但卻不明白最重要的前提。你認為這個前提指的是什麼呢？

為了提醒I，我問了他這個問題：

「I，你的顧客到底是誰呢？」

無論要採取何種措施都一樣，如果沒搞清楚「自己的顧客是誰？」，就無法得知「顧客到底在哪裡？」、「該向顧客傳達什麼訊息才好？」、「顧客是否會觀看自己打算使用的媒體？」。

看到這裡，你或許會覺得這是非常理所當然的事。可是，集客不順利的人，大多只注意方法或媒體卻忽略顧客。

沒搞清楚顧客是誰，當然就不可能會知道要向顧客傳達什麼訊息，以及顧客會觀看何種媒體。

就是因為沒有搞清楚最重要的顧客資訊，才會不管用何種方法或媒體都無法成功，無法招攬到客源。

◉不順利時更要想一想「顧客是誰？」

直接回應行銷（Direct Response Marketing）的權威——丹・S・甘迺迪（Dan S. Kennedy）也表示，符合「市場（Market：對象）」、「訊息（Message：內容）」、「媒體（Media：方法）」這3個M時能得到高反應率。無論是決定適當的傳達內容，或是適當的傳達方法，都必須先決定「傳達對象」才行，否則根本不會曉得內容或方法到底適不適當。

因此，不順利時更要仔細想想「顧客是誰？」。

你可以先思考一下，基本上，自己的顧客是接收得到網路資訊的人嗎？如同前面所說的，假如顧客以70多歲的年長者為主，卻只利用網路媒體傳達訊息的話，稍想一下就會發現這不是個好方法。

我們的目的終究是業績。只要能帶來業績，任何方法都可使用，實在沒必要拘泥於網路這個手段。

◉只要釣竿好，到哪兒都釣得到魚嗎？

這個世上，招攬客源的方法真的多不勝數。

不只有Facebook、Twitter、Instagram、YouTube、LINE@等各種媒體，還有運用這些媒體的集客方法，今後同樣會陸續出現新的媒體和手法吧。每當這種時候，那些想要販售新方法的人，以及想藉著推廣新方法賺錢的人，必定會大呼「今後是○○的時代！」，把新手法講得好像特效藥一樣，充滿吸引力。

不過，就算那個方法真的很棒，也未必適合自己的生意。如果在沒有顧客的地方嘗試，不管那個方法有多棒，都不會有任何效果。道理就跟池塘裡如果沒有魚，就算你擁有再好的釣竿，也絕對釣不到魚一樣。

千萬不要忘了這一點。

教訓◎到有魚的地方釣魚吧！

留意新的手法、流行的手法固然重要，但是在你急著嘗試之前，請先深呼吸思考一下。

你的顧客是誰呢？

9 「目標是10～40歲、50多歲左右的男女。」

沒鎖定客層症候群

菜鳥顧問F因為無法如願招攬到客源，便來找我諮詢。

F很用功，網路知識也很豐富。他還考慮嘗試自動化線上講座（又稱為永續型線上講座）的方法。

但是，不管談論何種服務，每次問到同一個問題時，他總是答不出來。

「這項服務很不錯呢。那麼，你要向誰販售這項服務呢？」

「嗯——……（沉默）」

由於他沒有鎖定客層，才會陷入無法擬定訊息的窘況。

◉你害怕鎖定客層嗎？

「想要讓愈多的人購買自己的商品或服務。」

「想要讓愈多的人認識自己。」

「想要推廣到整個社會，讓許多人購買。」

經商之人應該或多或少都有這種念頭。

若能讓許多人認識自己的服務，確實再好不過。

不過，你是否因為太想讓許多人知道、想要告訴每個人，反而擬定了誰也接收不到的訊息呢？

「我想讓許多人知道。如果鎖定對象，其他人不就不會注意到我了？」不少人因為這種恐懼心態，不敢鎖定自己的客層。

F也是其中之一。

◉其實是「不鎖定客層就賣不掉」

鎖定客層就真的賣不掉嗎？

以下是我參與行銷的教師講座中，某位學員的親身經驗。

這位學員經營補習班，自從鎖定目標後生意就有了變化。

之前他希望能招攬到許多顧客，所以並未鎖定客層，結果卻完全招攬不到顧客。自從釐清「自己的顧客究竟是誰？」後，目標客層就不用說了，他還招攬到其他的顧客。

這是鎖定客層的次要效果。由於要傳達的訊息很明確，所以也有不少非目標客層的人，受到訊息吸引而上門光顧。

並非鎖定客層就賣不掉，其實是「不鎖定客層就賣不掉」。

◉賣給誰？賣什麼？怎麼賣？

要讓商品或服務的廣告獲得反應，必須符合以下3點。

- 賣給誰？
- 賣什麼？
- 怎麼賣？

這是很理所當然、老生常談的道理，然而來參加那場教師講座的人，絕大多數都只顧著研究「怎麼賣」，生意經營得很不順利。

仔細想想，會有這種結果是很正常的。

沒搞清楚要販售的對象是誰的話，當然就無法擬定給顧客的訊息，或是規劃出顧客所想要的服務。另外，只顧著研究要怎麼賣，卻沒有搞清楚要賣給誰的話，就無法向顧客傳達訊息。

因此，一開始必須思考的最重要問題，就是「賣給誰？」，換言之就是目標。只要確實鎖定目標，「賣什麼？」、「怎麼賣？」這2點就自然而然會定下來。

◉該怎麼鎖定客層？

那麼，我就依序說明鎖定目標的步驟吧！

首先，請你想一下自己的理想顧客（不是虛構人物，而是現實中的顧客）。

接著，請你根據事實，盡量詳細分析那位顧客是怎樣的人。你可以利用訪談或問卷調查，盡可能徹底調查那位顧客。

・那位顧客是男性，還是女性？
・今年幾歲？
・已婚或是未婚？
・從事什麼工作？
・住在哪裡？
・年收入多少？
・穿什麼服裝？
・留什麼髮型？
・開什麼車？
・喜歡什麼顏色？
・那個人重視的價值觀是什麼？
・有什麼煩惱？
・這個煩惱令他心情如何？
・平時的口頭禪是什麼？

依照這段流程詳細調查顧客的事，即可更深入了解顧客。
完成的理想顧客形象則稱為「人格面具（Persona）」。

◉完成人格面具後該怎麼做？

完成人格面具後，請重新檢視自己目前提供的商品或服務，以及運用的廣告媒體（網站、部落格等）。

重新檢查商品或服務能否解決顧客的煩惱或問題，並加以改善，使內容與媒體（也有可能不是網路媒體）更貼近人格面具，有助於吸引更多優良顧客。

重新檢視自己的商品或服務時，請先以「賣給誰？」、「賣什麼？」、「怎麼賣？」這3個觀點重新檢查一次。尤其是沒搞清楚要賣給「誰」的人，請先從鎖定目標、建立人格面具著手。

我在網站上準備了有助於建立人格面具的表格（http://hiji-morihiko.jp/present/，僅有日文），請務必下載回去試試看。

教訓◎別再被「怎麼賣?」折騰，將焦點放在「賣給誰?」吧!

你的顧客究竟是誰?

這是個很簡單的問題，但能回答清楚的人卻不多。

若要領先周遭一步，那就專為那個人擬定並發送訊息吧!

第2章

未了解網路集客的全貌而犯下的錯誤

1 「○○，你好像很懂電腦，就麻煩你當網路負責人了！」

懂電腦的人無所不能症候群

經營製造業公司的A老闆，打算成立自家公司的網站，透過網路開發新客戶。

但是，公司雖有不少懂機械的人，卻沒什麼人精通網路。工程師田中（假名）是最懂電腦的人，老闆便派他擔任網路負責人，製作公司的網站。

田中只懂電腦和技術方面的知識，不曾從事行銷與銷售工作。他完全不了解顧客，當然也不知道如何利用網站招攬客源。

儘管如此，他依然做了各種調查，還購買版型，一面摸索一面製作，最後總算完成公司網站並成功上線。

可是，如果只是單純製作並公開公司網站，基本上是不會有人造訪的。想當然，公司也不會收到潛在顧客的洽詢，繼而接到訂單。

老闆要求田中設法改善，但田中也一籌莫展，不知道該怎麼做才好。

◉懂電腦的人＝懂集客的人？

讓懂電腦的人擔任網路負責人，看似是正確的選擇，實際上真是如此嗎？

其實，在以前那種只要有網站就足以做出區隔的時代，讓懂技術的人或是會設計的人來負責，可能就足夠了。

另外，如果是不作集客用途的企業網站，或是取代公司的小冊子、純粹「擺在網路上」的企業網站，或許也沒問題。

可是，這次成立網站的目的，是要獲得潛在顧客的洽詢，並且接到新客戶的訂單。做好所謂「集客用」的網站後，還必須繼續運用各種方式吸引潛在顧客才行。

田中雖然懂一點技術方面的知識，卻不曾做過銷售與行銷工作，所以他當然不夠了解集客、銷售以及顧客的事。

懂技術且會製作網站，跟熟悉集客到接單的流程，兩者需要的能力截然不同。因此，撇開製作不談，這對田中來說是一件苦差事。

◉集客用的網站必須發揮各種作用

集客用的網站必須發揮的作用，隨便舉例就有這麼多：

- ・吸引潛在顧客造訪網站（集客）
- ・向吸引到的潛在顧客提供價值，獲得他們的信賴（教育）
- ・銷售商品，使他們成為顧客（銷售）
- ・使他們成為願意一再購買的優良回頭客（培養粉絲）

當你要運用網路，或組合線上與線下措施時，必須建構發揮這些作用的機制。

製作與運用網站時，必須先擬訂銷售策略，決定如何運用網路、如何靈活發揮網路與面對面（線下）的優點獲得訂單，並了解網站要發揮什麼作用、需要什麼功能，掌握全貌才行。

有些時候，甚至需要改革公司的內部機制或銷售方法。

◉究竟該由誰負責才好？

能夠完成這些任務的人，就是公司裡負責業務銷售的人，以及負責行銷的人。了解「自家公司的顧客是誰？」、「顧客的煩惱是什麼？」、「解決煩惱的商品是什麼？」、「如何找到有煩惱的顧客？」、「能夠花多少成本獲得顧客？」，實際接觸顧客並創造業績的人，亦即負責業務銷售的人，可說是最適合成為網路負責人的人選。如果是小公司，這個人大多是老闆。

即便是運用網路，為了接到新訂單所做的事情，其實也沒什麼特別的。只要在網路上重現平常從事業務銷售時的成功做法，或是靈活應用那些做法加強成效就好。

中小、微型企業的老闆，大多兼任行銷人員與銷售人員。此外，能夠擬訂整體策略的人，基本上也是老闆。

如果公司沒有銷售團隊或銷售負責人，由老闆擔任網路負責人，擬訂整體策略，指揮製作與施策，可說是最好的選擇。

教訓◎由老闆在前線指揮，建構網路集客的機制吧！

有網站就OK的時代，早在10年前就結束了。只把網站當成小冊子擺著實在是件很浪費的事。

如果是中小、微型企業，最了解自家公司與顧客的老闆，必須思考如何運用網路，強化集客與業務銷售的流程，並且建構機制，這點很重要。

2

「網站、登錄頁、部落格、電子報全都用用看就行了吧？」

究竟為何而用症候群

B找我諮詢網路行銷的問題。

「我做過功課，對集客手法和知識有一定的了解。可是，我對網路和電腦很不拿手，儘管知道許多手段，卻不清楚這些究竟為何而用。」

事實上，B是個非常用功的人，參加過各式各樣的講座。

他覺得每種手段都能用，卻不明白其運用的目的為何。

看到周遭都在製作登錄頁，他也趕緊做了一個；聽別人說一定要經營電子報才行，他就趕緊發行自己的電子報。

可是，這些措施之間並無關聯，運用得雜亂無章。

這樣當然也沒辦法如願招攬到客源。

◉先做做看固然重要……

若沒掌握自己的網路行銷、網路集客的全貌，即使花費勞力與時間進行，也不會有好結果。

縱使進行得很順利，你依然不明白為什麼會順利，不順利時也不曉得要改善哪裡才好，因此很難改進從而提升成果。

B雖然富有行動力，卻完全不了解「各個媒體的使用目的是什麼？」。

因此，即使做了登錄頁並立即進行銷售，依然沒有顧客上門，最後陷入不斷失敗、浪費時間的惡性循環。

◉先大致掌握全貌

真要鑽研所有的細節會沒完沒了。當焦點放在「業績」時，中小、微型企業或自營業者——尤其是沒什麼網路行銷經驗的人，請先從大致掌握行銷全貌著手。

接下來要說明的是，每次有人問起網路行銷的問題時，我用來簡單說明的超簡略全貌。

這其實也是我單靠網路，在3年多內賺到4億日圓以上的方法。

將之細分化的話，要做的事十分繁雜，不過基本上，全部歸納起來只有3件事而已。

◉總的來說，該做的只有3件事

當你想利用網路引導顧客購買時，基本上要做的只有這3件事：

①集客
②教育（提供價值、建立信賴關係）
③銷售

順帶一提，如果是不必宣傳大家也都曉得價值、判斷標準只有價格的低價大眾商品與媒體購物，就可以省略步驟②。

換言之就是以下流程。

①吸引潛在顧客
②向吸引到的潛在顧客提供價值，宣傳商品價值，建立信賴關係
③引導潛在顧客購買商品

必須依照這段流程，思考如何使用各種手段並付諸實行。請你先將這個基本觀念記在心上。

舉登錄頁為例，用來吸引潛在顧客的登錄頁，與用來銷售商品的登錄頁，其實運用在不同的步驟上。

再舉YouTube的影片為例，用來吸引訪客的影片，與用來教育（提供價值）的影片，兩者的內容與長度都不盡相同。

即使運用相同的手法，內容也會因「運用在哪個步驟上？」、「作用是什麼？」而大相徑庭。

◉將所有的點串聯起來思考

了解大致的全貌後，再為每個步驟搭配不同的手段，建立流程。

①集客

若想吸引訪客，從費用與時間來看，可以使用什麼手段？

方法有很多，例如：「打廣告」、「在YouTube上傳許多影片吸引訪客」、「經營部落格吸引訪客」、「在Facebook等社群網站更新資訊吸引訪客」……等等。

②教育（提供價值）

運用各種方法蒐集到潛在顧客（例如登錄電子信箱或聯絡方式的人）名單後，要怎麼向他們提供價值？

方法有很多，例如：「利用電子郵件發送有用資訊宣傳價值」、「發布可解決顧客煩惱或問題的影片」、「用PDF檔提供可解決顧客煩惱的內容」……等等。

③銷售

提供價值並與潛在顧客建立信賴關係後，終於要銷售商品了。

我們可以利用「請顧客仔細閱讀銷售用的登錄頁，引導他購買」、「拍攝並發布銷售用的影片」、「勸誘顧客參加現場講座，進行面對面的銷售」等方法。

這些事情別只當成「點」來看，要視為集客到銷售的一連串過程。

之前B都不曾透過網路獲得顧客，自從他懂得串聯思考各個手段的作用，並建立流程後，就有人透過網路報名50萬日圓的講座了。

儘管毫無反應，與獲得「有人報名」之反應，只是從零變成一而已，但對當事人而言是非常大的改變。

B為了繼續改善，目前正重新檢視教育（提供價值）的內容。

教訓◎重要的事總是很簡單

網路確實有各式各樣的手法和媒體可以運用，但普遍、不變的集客流程，其實只由3個要素構成。

先了解行銷的全貌，再建立集客機制吧！

3 「一開始不知該怎麼做才好，於是試著經營部落格。」

手段太多不知如何是好症候群

不少人為了集客而發布訊息，M也是其中之一。

M的目的是，希望自己的活動每次都能招攬到顧客。可是，他建了網站，卻吸引不到顧客；做了登錄頁，同樣沒有顧客上門。

他聽很多人說「利用○○就好啦」、「聽說運用××就能成功」，心想自己或許每種方法都該嘗試看看，但又不知該做什麼才好，於是就決定先經營部落格，偶爾發發文章。

想當然，透過部落格集客同樣成果不佳，搞得他不知道該怎麼辦才好。為此煩惱的M來找我諮詢。

他說：「網站、部落格、登錄頁、Facebook、電子報……手段太多了，我不知道該做什麼才好……」

看樣子他陷入了「得知許多方法，卻因為選擇太多，反而不知該如何是好」的狀態。

◉流行的資訊必定包含發訊者的私見

如果只了解手段的特色，就無法脫離這種狀態，也無法靈活運用手段。Facebook剛流行時，到處都看得到、聽得到「現在是Facebook當道」之類的資訊。但是，發布這類資訊的人當中，只想搭上熱潮賣點東西的人，或是跟流行的人，卻比真心這麼認為的人還多。

所以，我們要有這樣的觀念：資訊必定包含發訊者的私見。這些人的話只有2成可信，僅供參考就好，重點是要仔細考量自己的狀況。在你被各種方法折騰得暈頭轉向之前，請先了解按照目的規劃的流程，亦即集客的全貌，如此一來你才能明白各種手段或手法的用法。

◉不要只聚焦於個別手段，要從整體程序進行規劃

因為很重要，我再說明一次。利用網路招攬客源的流程，大致分為「集客」、「教育」、「銷售」3個階段。不要突然地向訪客銷售商品，先思考該使用何種手段，依照「吸引潛在顧客」→「提供價值，培養信賴關係與購買欲望」→「顧客想買就賣給他」這個順序建構程序，即可解決「該做什麼才好……」之煩惱。

舉例來說，我就是運用這些手段招攬客源的。

- 集客：聯盟廣告、Facebook廣告、電子報廣告、優先排序廣告
- 教育：部落格、影片、電子報
- 銷售：講座、登錄頁

我先使用廣告進行集客（吸引潛在顧客），再透過分享影片、音訊、PDF等媒體內容的部落格，向吸引到的潛在顧客提供價值，培養信賴關係與購買欲望，並持續利用電子報發布訊息，然後向潛在顧客銷售商品。

◉不懂得靈活運用就太糟蹋工具了

每種手段都有其特色，你必須先了解目的，亦即「為何而用」，再依照手段的特色靈活運用。

這麼說有點複雜難懂。舉個簡單的例子：有些人會在YouTube上傳許多短片，藉此吸引潛在顧客；有些人則是利用時間較長的影片提供價值。有些人讓部落格的文章，排在特定關鍵字搜尋結果的前幾筆，藉此吸引訪客；有些人則是利用部落格的文章提供價值，建立信賴關係。有些登錄頁是用來吸引潛在顧客的；有些登錄頁則是用來銷售商品的。

一味死板地認定「〇〇工具只是用來××（集客、教育、銷售）的」，是很糟蹋工具的做法。

只要在建立集客、教育、銷售的流程後，從「可以使用哪種工具」、「運用哪種工具最順利」的觀點研究各種工具，應該就不必煩惱該使用哪種工具了。

◉集客、教育、銷售各階段使用的手段

以下就按照集客流程，介紹各階段可運用的手段吧！

・如何吸引潛在顧客（流量）？

各類網路廣告／Facebook或Twitter之類的社群網站／發表相關的文章，讓部落格或網站排在特定關鍵字搜尋結果的前幾筆／在YouTube上傳大量影片／（如果有名單的情況）電子報

・如何教育（提供價值）？

網站的文章／部落格的文章／影片／音訊／PDF檔／自動排程信

・如何銷售（結尾）？

登錄頁／電子郵件／面對面銷售／透過講座銷售／電話

當然，沒人規定每個階段只能使用一個手段，舉例來說，你也可以運用上述列出的所有手段。

重點是，你一定要先重新檢視自己的集客全貌，了解所要使用的手段屬於哪個階段的措施。

這樣一來，當你接觸新資訊時，便能判斷自己的集客流程是否需要這個新手法，或是知道如何才能運用自如、適合運用在哪個階段。

之前因為M並沒有掌握集客的全貌，所以聽完我的說明後，他隨即重新檢視自己的集客流程。

由於部落格並非完全招攬不到客源，他便先建立可吸引潛在顧客造訪部落格，再由他主動接觸的機制，結果之後舉辦的活動就高朋滿座了。

教訓◎了解全貌才能靈活運用各種手段或手法

網路真的有很多媒體、手段和手法可以運用。請先了解該手段在集客流程中發揮什麼作用，再靈活運用喔！

4 「只要累積很多『讚』就行了吧？」

按讚數至上主義症候群

說恐怖是有些誇張，不過下述的例子真的很離譜，讓人不禁想問：「不惜花廣告費做到這種地步，真的有意義嗎？」

某團體要舉辦每年都有的公開活動，活動負責人C決定以Facebook作為集客手段。三不五時在Facebook發布活動的消息，或是運用Facebook廣告吸引訪客，其實都是不錯的方法。

然而，當時他卻設定這樣的目標：粉絲專頁要獲得1000個讚。

於是，C投放廣告，獲得了1000個讚，順利達成目標。但是，還不到2週，就花了大約20萬日圓廣告費。換句話說，增加1個讚要花200日圓左右。然而，集客數卻跟前一年差不多，開發新客戶的成果並不理想。

後來C找我諮詢。我心想「好浪費啊……」，趕緊針對設定目標一事給他幾個簡單建議。

◉投資「廣告費」，能獲得什麼報酬？

要取笑C「用很笨的方式打廣告」是很容易，不過，你是否也做過類似的傻事呢？

因此，我想在這裡談一談正確的設定目標方法。

即便你花錢打廣告，吸引到再多的潛在顧客，假如業績沒有增加，從廣告的成本效益來看，這項投資就算失敗。

舉例來說，假設你花10萬日圓廣告費，得到了2００名潛在顧客，假如這些潛在顧客最後並未購買，你就無法回收廣告費而虧損。

不過，如果目標訂為「獲得2００名潛在顧客」，這個廣告就已達成目標，因此算是「成功的廣告」。

舉前述的按讚數為例，儘管廣告對於招攬新的活動參加者完全沒效果，但因為目標訂為「獲得1０００個讚」，C也確實達成目標，所以這個廣告仍算成功。

要是設定了錯誤的目標，就會造成「明明沒得到原本想獲得的報酬，卻因為達成了目標，措施仍算成功」的奇怪狀況。不只如此，還可能害人誤以為那是成功的措施，不斷將廣告費浪費在沒有成果的措施上。

雖然設定目標只是件小事，但如果訂錯目標，就可能浪費大量的時間、金錢和勞力，卻得不到想要的結果。

◉對於設定目標十分重要的KGI和KPI

那麼，該如何設定正確的目標呢？

要設定目標，得先知道KGI和KPI這2個專有名詞。

・KGI

Key Goal Indicator的縮寫，意為重要目標指標或關鍵成果指標，是用來表示企業或專案該達成之目標的定量指標。

一般大多是用營業額、利潤率或獲客數作為KGI。測定廣告的成本效益時，KGI一定要訂為營業額。

你可以在刊登廣告之後，檢測營業額是否增加、增加多少，因此不會受程序影響，能夠正確評量廣告的成本效益或有效性。

・KPI

Key Performance Indicator的縮寫，意為關鍵績效指標，是用來表示達成KGI所需的具體數值之指標。

舉例來說，若KGI訂為「營業額增加2倍」，由於KPI是達成KGI過程中必要的具體指標，這時KPI就可以設定為「新客戶增加○倍」、「吸引○名新的潛在顧客」之類的項目。

◉注意KPI有無偏離KGI

重要的是，當KGI訂為「增加營業額」時，必須正確判斷設定的KPI（想成是「達成目標的手段」應該會比較好理解）是否適合，抑或有無偏離重點。

如果KPI偏離了KGI，也就是搞錯了達成目標的手段，你可以修正KPI來進行改善。

本例中C的情況則是，KGI本來應該訂為「增加活動參加人數」，卻設定成「按讚數」，從一開始就搞錯了目標。

假如他設定了正確的KGI，亦即「增加活動參加人數」，就必須判斷「累積1000個讚」這項KPI的有效性。

累積按讚數，確實可以讓更多人接收到訊息，所以就增加參加人數的措施來說，這麼做並沒有錯。但是，最後參加人數卻沒有增加，就代表這項措施是無效的。

C不僅一開始就弄錯了KGI，「累積按讚數」這項KPI也偏離重點（不符合成本效益）。得知這項事實後，他決定以後舉辦活動時，要以其他手段增加參加人數。雖然付出一筆不少的學費，但至少今後他再也不會浪費廣告費，這也算是一點安慰吧。

教訓◎一切都是為了增加業績

若要正確測定廣告的成本效益，就要將目標設定為「營業額」，檢查自己投資了多少廣告費，增加了多少業績。

5

「雖然不太順利，但總會有辦法吧。」

搞不清楚自己在哪裡症候群

建立網路集客的機制，卻進行得不順利，又不知道缺失在哪裡的人同樣不少。F也是這種「搞不清楚自己的位置」的人。

F想為自己經營的同業服務招攬客源，於是請外部設計師和寫手，製作登錄頁、影片、自動排程信等流程中必要的所有東西。他也委託外部夥伴運用優先排序廣告集客，可是卻未能如願吸引到潛在顧客。

很可惜，由於反應不佳，因此F必須設法改變才行，但他卻不知道該調整什麼才能改善。

◉你清楚自己的現狀嗎？

其實登錄頁和流程有不少應該可以改進的部分。我向F詢問登錄頁的登錄率，他卻表示自己沒收到報告，不太清楚到底有沒有統計。我也問了流程中的其他數據，但他卻一問三不知。

不清楚現狀，就像是不曉得自己目前在什麼地方。

舉例來說，要去陌生的地方時，如果有指示目的地路線的地圖就很有幫助。但是，不曉得自己目前在什麼地方的話，就算你知道地圖要怎麼看，也很難靠地圖抵達目的地吧。

同理，如果沒有統計或掌握住大眾對於公開網頁的反應，當進行的不順利時就沒辦法調查是哪裡失敗，因而無法檢討該用什麼方法改善。

那麼，我們必須統計哪些數據呢？

還有，該怎麼統計呢？

網路跟實體店面不同，看不到每個人來店的情況，因此我們要設定訪問分析服務，統計數據。

◉訪問分析必備工具「Google Analytics」

只要在想要統計的網頁上設置程式碼，即可免費使用Google Analytics（Google分析）這項分析工具。

講解用法之前，我先說明Google Analytics是什麼。Google Analytics是Google提供的免費網頁分析服務。只要登入Google帳戶，即可免費使用這項功能強大的服務。Google帳戶可從以下網址取得，沒有帳號的人請先進行註冊。

https://accounts.google.com/signup?hl=jp

建立Google帳戶後，還要到Google Analytics首頁申請Analytics帳戶。

https://www.google.com/intl/zh-TW/analytics/

建立帳戶後，你必須給自己的網站設置追蹤程式碼，這樣才能用Analytics進行分析。追蹤程式碼可從「管理員→帳戶→資源→追蹤資訊」進行設置。

◉一定要先掌握的數據

Google Analytics雖然是可以詳細分析數據的服務，但新手想立刻學會高階的功能並不容易。

其實，我們沒必要學會所有功能。只要先掌握各網頁的PV（網頁瀏覽次數）和UU（不重複訪客數），大致了解目前的傾向就夠了，暫時不需要更詳細的分析。與其花時間詳細分析，不如先粗略掌握部分數據，這樣應該能大略看出該如何改善。建議你至少要先清楚掌握網站有多少訪客。

以F為例，他的集客流程如下：

・集客：免費登錄電子信箱用的登錄頁
・教育：部落格＋影片（YouTube）＋自動排程信
・銷售：銷售用的登錄頁

因此，F要先統計的數據如下：

①電子信箱登錄數（選擇加入數）
・實際登錄的電子信箱數量（輸入至登錄欄位的電子信箱總數）
・CPA（獲客成本，這裡為獲得單一電子信箱的成本）

②免費登錄電子信箱用的登錄頁
・PV（Page View，網頁瀏覽次數）
・UU（Unique User，不重複訪客數）
・電子信箱登錄率（用PV計算的登錄率，及用UU計算的登錄率）

③教育（提供價值）用的影片（YouTube）

・觀看次數

・觀看率（被引導過來的人當中，有百分之幾的人看過影片。計算公式為「觀看次數÷選擇加入數」）

・觀眾續看率（觀眾何時離開、影片看了多久）

④教育用的部落格文章

・留言數

・留言率（留言數÷選擇加入數）

⑤自動排程信

・各郵件的點擊率（點擊郵件內影片連結之人的比例。發信系統大多能統計這項數據）

⑥銷售用的登錄頁
・PV　・UU　・銷售數
・成交率（銷售數÷選擇加入數）

接著再算出CPO（單筆訂單成本，這裡以「營業額÷廣告費」計算），掌握整體的成本效益就行了。

◉找出不好的部分進行改善

只要統計出這些數據，通常就能找出集客機制中，哪個部分進行得不順利。

舉例來說，如果電子信箱的登錄數很少，就可以懷疑是登錄頁的登錄率不高，或是PV數不多，也就是網頁未被看到。只要掌握實際的數據，便能發現原因出在哪裡。

假如原因是電子信箱登錄率低，就該改善登錄頁。假如是網頁未被看到，就必須重新檢討廣告之類的措施，設法讓更多的人看到網頁。

另外，若是影片的觀看次數沒增加，抑或觀眾續看率低，即表示影片的標題或內容無法吸引顧客的興趣，修改影片的標題或內容或許就能改善。至於郵件點擊率低，大多是因為郵件的主旨不吸引人。因此，郵件主旨必須改成更吸引人的內容，以提升點擊率。

關於F的案子，我請他統計之前沒掌握的數據。日後遇到不順利的情況時，他便懂得依照數據，委託外部夥伴進行適當的改善，不再胡亂下達沒有根據的指示。

教訓◎不斷「統計數據加以改善」，提升反應

掌握數據，便能根據成效安排改善措施。每天都要統計與改善，往業績最大化之目標邁進。

6

「只要做好銷售網頁，放著不管也賣得出去吧？」

對網路過度期待症候群

H建立了銷售網站以販售自己的商品，但卻完全沒有顧客上門，商品賣不出去。因為專程製作的網頁，上線之後卻乏人問津。

由於沒人造訪，所以也無法判斷他的網站是好是壞。

H不知道要如何吸引訪客瀏覽網站。

調查之後，他發現有很多方法可以使用。然而，他對電腦不是很在行，不曉得該怎麼做才好。

最後，他就放著不管了。

◉只要運用Amazon或Yahoo!拍賣就有顧客上門，但……

鮮少在網路上做生意，或是根本沒經驗的人，常會遇到「成立了銷售網站，商品卻賣不出去」、「做了講座的報名網頁，卻完全沒有顧客上門」之類的情況。

講難聽點，這些人是因為過於相信網路的力量，才會誤以為只要在網路上開店，顧客就會源源而來，商品也能大賣。

如果在Amazon或Yahoo!拍賣這類集客力強的平臺販售商品，確實用不著集客，商品也賣得出去。感覺就像是在人來人往的市中心商場，或開在郊外但旁邊是主要幹道的大型購物中心裡做生意。

畢竟是人潮很多的地方，用不著努力招攬顧客，商品也賣得出去。

不過，如果不是廣為人知的商品，或大企業販售的高知名度商品，即使在這類網路商場做生意，也無法期待商品能賣出去。而且，就算賣出去了，還得支付成交手續費（類似商場的租金）才行，因此也得考量有無獲利的問題。

◉如果不為自己的網頁集客，永遠都不會有人造訪

反之，如果是為自己的講座招生，抑或在自家公司的網站販售獨家商品或服務，就必須努力吸引客人造訪網站，否則沒什麼人會來，最糟的情況甚至完全沒有訪客。

為了販售自己的商品，或是為了招攬客源，而公開登錄頁或商品的銷售網站，就好比是在距離人口眾多的都市地區數百公里、杳無人煙的深山小徑裡，悄悄開了一家不起眼的店。用這樣的比喻就很容易理解了吧。

假如是以前那種店鋪不多的美好時代，也許只要開幕就有顧客上門吧，但這已經是20多年前網路黎明期的事了。

如果你真在這麼糟的地點開店（實體店鋪應該沒人會開在那種地方吧），一定會努力宣傳，吸引顧客上門吧？

在網路上做生意也是如此。既然店開在杳無人煙的偏僻地方，你就必須努力吸引客人上門光顧。

◉網路集客的原貌

不過，相信你一定知道，網路跟實體店面不同，好處是人不必親自移動，就能前往開在偏僻地方的店。而且，只要有心，不用花一毛錢就能招攬到顧客（不過，個人不太建議不花一毛錢就想招攬到客源的做法，詳細原因後述）。

那麼，想在網路上「集客」，也就是招攬客源，必須做哪些事呢？

這裡要談的不是詳細的集客手法。我想稍微幫大家整理一下，在網路上「集客」到底是指哪些事。

在網路上集客，其實有以下幾種意思。

①吸引訪客（流量）

無論網頁有多棒、反應率有多高，假如沒人看，就沒有任何意義。

讓許多人看到自己的網頁，亦即為自己的網頁吸引許多訪客（流量），正是「集客」的第一個意思。

不管是網路廣告、SEO或社群網站，都能用來進行這個意思的「集客」。陸續推出的新手法，以及各種Know-How和技巧，也都跟這個意思的「集客」有關。

②將吸引到的訪客轉為名單（潛在顧客）

不過，縱使吸引再多的訪客，假如他們只是看完網頁就離開，依舊沒有任何意義。我們必須引導這些訪客展開行動。

如果是大眾商品或低價商品，也可以直接在這個階段銷售。除此以外的商品，就必須引導訪客進行索取資料、洽詢、訂閱電子報、索取免費贈品之類的行動，將吸引到的訪客轉為可主動接觸的潛在顧客名單。

換言之，就是開發潛在顧客。這是「集客」的第二個意思。

③向潛在顧客銷售商品，獲得顧客

最後的目的地，就是此次銷售的結果——引導潛在顧客購買並蒐集顧客名單。這也是「集客」。

◉逐一完成這3道程序

換言之，網路集客就是指這3道程序：

> ①吸引訪客（流量）
> ②將吸引到的訪客轉為名單（潛在顧客名單）
> ③向潛在顧客銷售商品，使之成為顧客（顧客化）

集客並非只要進行其中一道程序就好，若沒逐一完成這3道程序，就很難達成最終的銷售目的。

如果這3道程序沒劃分清楚，不順利時就不知道該怎麼處理。

發生「招攬不到客源」之類的問題時，要根據原因調整解決的辦法，而原因可分成以下幾種。

> ①沒有流量

②沒辦法將造訪網頁的人變成潛在顧客
③沒辦法將潛在顧客變成顧客

如果學習並實踐有關程序①的手法或Know-How，結果還是賣不出去，必定就是因為你只顧著吸引訪客，但他們看完網頁就離開了。

假如你已經經營了部落格、也打了廣告、在Facebook發文、甚至成立了媒體網站，卻還是賣不出去，就可以了解問題不是出在①，你必須檢查②或③的「集客」有無順利進行，並加以改善。

至於H的情況，當然不是②和③的問題，他必須從①「吸引訪客」著手才行。若沒先吸引訪客觀察反應，就無法判斷之後的②和③有無順利進行，所以H得先設法吸引到訪客才行。

教訓◎沒人看就什麼都做不成

只要有網頁就能大賣的時代早在20年前就結束了。

一定要掌握「訪客↓名單↓顧客化」這段大流程，搞清楚自己的措施有何不足之處，再加以改善。

7

「只要有主動洽詢的顧客就好，其他什麼也不必做。」

網路狩獵民族症候群

O經營個人工作室，向來利用免費部落格（例如○○部落格這類可免費使用的部落格服務）集客。儘管招攬得到新客戶，但客源很不穩定。他為此煩惱不已，很想知道有沒有更穩定的好方法。

造訪免費部落格的人當中，通常都是有立即需要、已打算申請服務的少數訪客，亦即是由所謂「馬上就要型顧客」主動洽詢，並帶來業績。

跟這類「馬上就要型顧客」交易並沒有錯，但若一直依賴這種類型的顧客，洽詢數就很不穩定，業績也會受影響。

O也是一直依賴這類立刻洽詢的顧客，這就好比在網路上只獵捕能馬上抓到的獵物，所以他才會為客源不穩定而煩惱。

◉馬上就要、猶豫不決、以後再買、尚不需要

造訪部落格的潛在顧客，是抱著什麼樣的心情閱讀O的文章呢？這裡就稍微來歸納一下吧！

潛在顧客的類型，大致可分為以下這4種：

①馬上就要型顧客（需求／必要性：高；欲望／想要的心情：高）

能立刻帶來業績的潛在顧客。對商品或服務有立即需要、想要馬上擁有的人。

②猶豫不決型顧客（需求：高；欲望：低）

雖然需要商品或服務，卻沒打算立刻擁有的人。

③以後再買型顧客（需求：低；欲望：高）

雖然很想擁有商品或服務，卻覺得必要性不高的人。

④尚不需要型顧客（需求：低；欲望：低）

不太需要也不太想要商品或服務的人。

實際上能帶來業績的是「馬上就要型顧客」，因此優先將心力投注於這類顧客的洽詢是很正常的。

但是，瀏覽O部落格文章的人，絕大多數是「猶豫不決型」、「以後再買型」、「尚不需要型」顧客，而非馬上就要型顧客。

O並未主動追蹤或接觸有興趣但沒洽詢的人，所以他們才會看完文章就離開。而且也不知道，這些人下次是否還會造訪O的免費部落格。

◉沒有比免費更可怕的東西

如果能持續吸引到訪客，或許不必太在乎離開的訪客，也能持續招攬到客源。

不過，免費部落格畢竟是其他公司提供的平臺，不管怎樣你都只能依附這個平臺。

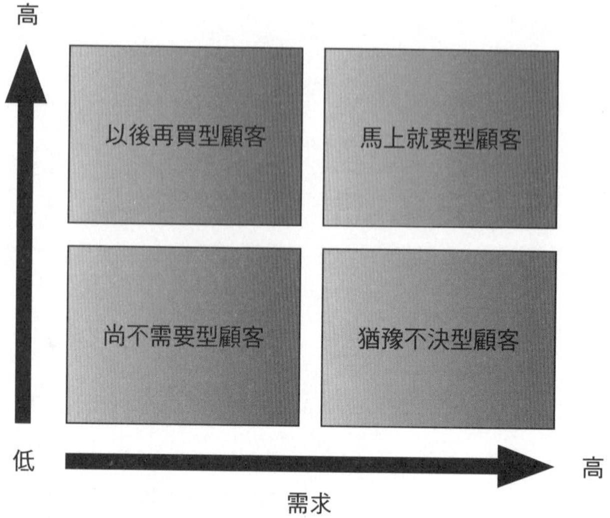

舉例來說，如果違反免費部落格的規定，無論你是否惡意違規，就算整個部落格遭到刪除也不能有怨言。

萬一好不容易累積許多訪客的部落格突然消失……光想就覺得恐怖。

不過，倘若之前有將部分訪客，轉為自己的潛在顧客名單，即使部落格消失了，你依然可以主動接觸名單上的潛在顧客。

假如離開的大多數訪客，至少有1％轉為潛在顧客名單，集客就能更加穩定。

◉將訪客轉為名單的方法

那麼，我們能夠用什麼方法，蒐集可主動接觸的潛在顧客名單呢？

要將離開部落格的「猶豫不決型」、「以後再買型」、「尚不需要型」顧客，轉為潛在顧客名單，其中一種簡單有效的方法就是，在部落格的側邊欄設置可訂閱電子報或加入LINE@帳號的欄位（或按鈕），引導訪客登錄（如果使用的是日本的Ameba部落格，文章區塊和公布欄都不能設置登錄欄位。你可以利用免費外掛程式設置側邊欄。無論使用何種免費服務，都要仔細閱讀禁止事項與規定喔！使用免費服務時，不管發生什麼情況都要自己負責！）。

引導訪客登錄時，比起只寫一句「請登錄資料」，登錄就送小禮物的做法，更能提高訪客願意登錄的機率。

小禮物則視販售的商品或服務而異。不過，只要是能讓訪客感興趣，且跟部落格主題有關的影片、音訊、報告、電子郵件講座都可以。

以我實際辦過的LINE@加入好友活動為例，加入就送小禮物的活動，與沒送小禮物，僅表示「將發送好康資訊」的活動，兩者的登錄率差了2倍以上。

- 【有禮物】LINE@加入好友數１４７６人／潛在顧客名單１２４３４筆＝登錄

率11．87%

．【沒禮物】LINE@加入好友數65人／潛在顧客名單1475筆＝登錄率4．40%

雖說兩者的母數也有差距，但母數少，計算出來的比率通常會偏高。若連這點一併考量進去，相信你就能明白，送小禮物確實能提高訪客願意登錄的機率。

就算不是加入LINE@帳號，而是訂閱電子報，基本上也是一樣的情況。附上登錄小禮物更能有效獲得潛在顧客名單，建議你不妨先學起來。

教訓◎建立機制再次追回溜掉的魚

沒洽詢就離開部落格的訪客當中，說不定也有人能成為超優良顧客。即便是無法立即帶來業績的「猶豫不決型」、「以後再買型」、「尚不需要型」顧客，只要持續主動追蹤（提供價值），就能建立信賴關係，使他們變成「馬上就要型」顧客。

建議你先建立機制，引導訪客訂閱電子報或加入LINE@帳號，蒐集可主動接觸的潛在顧客名單吧！

第3章

再怎麼努力也不會帶來業績的錯誤

1

「一開始先盡量多蒐集一點資訊。」

追二兔者不得一兔症候群

A在自己舉辦的講座擔任講師。他想運用自家公司的網站招生，於是做了1個網頁，宣傳自家公司主辦的免費講座。招生手段主要是以電子報通知訂閱者，以及在Facebook上宣傳。

然而，A發送了電子報，也在Facebook上宣傳，報名情況卻不如預期。因此，他來找我諮詢：「都沒人報名，你可以幫我看一下招生登錄頁嗎？」

於是，我檢查了A的登錄頁。畢竟他本身有過集客經驗，無論是招生網頁的結構，還是內文的寫法（文案），看起來都沒什麼問題，網頁也做得很棒。我納悶著「為什麼沒人報名呢？」並繼續往下看，發現了網頁最底下的報名表單。

「電子信箱」、「都道府縣」、「市」、「區」、「姓」、「名」、「電話號碼」、「年齡」、「性別」、「本次參加講座的目的」……這個免費講座的報名表單，要填的項目未免太多了。這就是沒人報名的原因吧。

我問說：「為什麼要設置這麼多的輸入欄位？」A回答：「因為我想盡可能正確掌握顧客的資料。」……我可以體會A的心情，但這顯然是失敗的做法。

◉你聽過「EFO」嗎？

EFO是Entry Form Optimization的縮寫，意思是表單最佳化。這是一種藉由「讓表單輸入起來更簡單」、「引導使用者以避免輸入錯誤」、「設置最少且必要的輸入項目」、「省略輸入手續」等方式，減少「放棄購物車」——也就是中途退出——的情形，提高成交率的措施。

順帶一提，「放棄購物車」是指本來想購買或申請，卻在輸入到一半時放棄，最後未能成交的現象。

EFO有各式各樣的技巧，也有不少措施必須使用工具或服務。這裡就先介紹新手也能輕易做到的原則吧！

請你先了解這2個基本要點：

①增加或細分輸入項目（例如輸入姓名時，分成姓和名2個欄位），會降低顧客願意完成輸入的機率（這稱為登錄率或成交率）。
②減少項目，只問最少且必要的資料，可提高完成輸入的機率。換言之，成交率會增加。

其實再詳加研究的話，可以發現能使用的對策相當多，不過新手只要先注意這2點就十分足夠了。

通常新手除了EFO之外，還有許多簡單就能改善的部分。先解決能改善的部分，再執行更仔細的EFO對策也不遲吧？

另外，相信你也曾在Amazon或樂天之類的購物網站買過東西。表單最佳化是左右這類公司收益的關鍵，這麼說一點也不為過。這些公司都會反覆測試、不斷改進，讓顧客可以買得更輕鬆，輸入起來更簡便。從「輸入簡易度」、「瀏覽舒適度」、「查詢簡易度」之觀點，觀察大型購物網站，並以顧客身分實際購買看看，可以學到很多東西，建議你不妨試試看。

◉將輸入項目縮減到最少

想盡量多蒐集一些顧客的資料，是非常正常的事。不過，要是因為太想蒐集資料，貪心地增加輸入項目，反而讓顧客溜掉的話，可就得不償失了。

當你特地做了不錯的銷售網頁（這稱為網頁版銷售信或登錄頁），朝著「顧客願意購買或申請」這個「賣方設定的目的地」前進時，要是顧客只因為「輸入很麻煩」這個理由，中途放棄購買或申請，那就真的很可惜了。

於是，我請A將輸入項目縮減到最少。

具體來說，就是減少到只剩「姓名」、「電子信箱」、「當日緊急聯絡方式（電話號碼）」這幾個項目，再重新通知、宣傳一次，最後報名人數增加了2倍以上，講座得以順利舉辦。

◉還是想蒐集許多資料的話也有小撇步

不過，如果依舊想多蒐集一些顧客的資料，該怎麼做才好呢？

這種時候，還是有幾種方法可以嘗試。

舉例來說，如果是舉辦講座，可以請前來會場的參加者，在講座開始前或結束後填寫問卷，蒐集資料。

即便所有手續都能在網路上完成，你也可以運用「在購買或申請完成的頁面放上問卷，請顧客填寫」、「利用購買或申請完成後的自動回覆郵件（購買或申請後，系統自動發給顧客的郵件），向顧客確認購買或申請內容，並在郵件中設置問卷表單，請顧客幫忙填寫」這類替代方法。

雖然不見得每個人都願意填寫，但這麼做依然能夠蒐集不少資料。

◉尋找能增加最終業績的最佳辦法

其實重點並非獲得資料，而是讓顧客完成購買或申請，並在最後帶來業績。因此，優化表單避免偏離原本的目的是很重要的。

我們可從2大方向進行檢討。

- 是要縮減輸入項目，以獲得最大「數量」嗎？
- 或者刻意問詳細一點，儘管可能會犧牲一定「數量」，卻能獲得一些即使輸入難度變高，仍願意購買或申請的「忠誠」顧客？

這個問題並沒有正確答案，必須按照個別具體事例，實際測試看看，否則無法判斷何種做法比較好。

重點就是從最終目的「業績」反推回去，導出這種時候的最佳辦法。不過，就我自己的集客經驗來說，一開始先獲得「數量」的話，最終業績通常會比較多。

教訓◎要體貼顧客，別讓他們覺得麻煩

顧客好不容易才決定行動，絕不能讓他們在輸入時感到壓力。因此，要斟酌表單項目與輸入簡易度，盡量讓顧客能夠輕鬆完成輸入。

2

「想盡量為顧客提供多一點選擇。」

小體貼大雞婆症候群

相信有不少人為了集客製作登錄頁。

經營補習班的B在公司的招生登錄頁上，提供了許多行動選項，例如：基礎課程、應用課程、專業人士課程、單日講座、函授講座、索取資料……等等。

遺憾的是，沒人透過這個登錄頁報名，目前是依靠介紹與免費報紙的廣告招攬客源。

B只是覺得「提供許多選項，讓顧客選擇自己需要的，他們會比較開心吧？」，出於體貼而增加選項，沒想到這份體貼卻給招生帶來負面影響。

◉網站與登錄頁的差別

為什麼B會犯這種錯誤呢？

起因是B不明白網站與登錄頁的差別。

我先來整理一下，網站與登錄頁究竟有何不同吧！簡單來說，兩者的差別如下：

> ・網站＝用來提供資訊的網頁
> ・登錄頁＝用來達成交易的網頁

網站的目的，是提供必要的內容，讓訪客透過連結或導覽在網頁之間移動，取得需要的資訊，或完成想辦的手續。因此，必須配合訪客的需求準備各種選項，好比說：為需要洽詢的人設置洽詢表單、為想要索取資料的人設置索取頁面、為想知道商品資訊的人設置商品資訊頁面……等等。

反觀登錄頁的目的只有1個：讓訪客抵達申請或購買這個目的地（達成交易）。因此，必須提供足夠的必要資訊，但絕對不能準備多餘的選項，讓訪客跑到別的網頁，或是害訪客迷路。

B不太清楚這2種網頁的目的，而在登錄頁中準備許多選項，所以才會無法達到「達成交易」這個目的。

◉選項愈多，購買或申請的數量也愈多嗎？

不過，在登錄頁中準備許多選項，真的會害成交率降低嗎？

哥倫比亞大學商學院的希娜．艾恩嘉（Sheena Iyengar）教授，曾為了驗證「選項愈多購買率愈高嗎？」而做了一項實驗。

她在超市裡，分別設置「24種果醬」與「6種果醬」試吃區。24種果醬試吃區聚集了約6成的人，反觀6種果醬試吃區只來了約4成的人。也就是說，24種果醬試吃區比較吸引人。

然而，比較最終購買率卻發現，在6種果醬試吃區試吃的人當中，有30%的人願意購買，24種果醬試吃區卻只有3%的人購買。

這項實驗結果顯示，過多的選項反而會害顧客無法做出選擇，最後就不買了。

登錄頁只有「達成交易」這個目的，若想提升成交率，重點就是要縮減、除去多餘的選項。

◉基本上出口只有1個

「One Market, One Message, One Outcome」是文案的基本原則。

意思是向1個市場傳遞1則訊息，出口也只設1個就好。簡而言之，製作1個登錄頁，顧客的流程（動線）只能設置1道，終點也只設1個就好。

也就是說，你必須依照目的製作登錄頁才行，好比說「希望顧客洽詢，就只設置洽詢表單」、「希望顧客索取資料，就只設置索取按鈕」、「希望顧客購買，就只設置購買按鈕」。

登錄頁跟普通網站不同，製作時只要記得別害訪客迷路，讓他順利抵達目的地就好。

你不妨把前往「成交」這個目的地的途中，可能害顧客不小心走進岔路、繞到別的地方，甚至離開網站的連結或按鈕，亦即多餘的選項全當成絆腳石。增加選項，雖然可讓訪客選擇自己需要的，卻也可能害訪客迷失方向。

教訓◎只設置1條通往目的地的動線，別讓訪客迷路是很重要的

製作登錄頁時，務必檢查動線能否避免訪客離開，讓他順利抵達最終目的地「成交」，以及有無設置多餘的選項或岔路。

3

「我聽講座的講師說，這麼做是對的。」

愛學習的Know-How收集家症候群

C本來就很喜歡學習，總是在尋找並學習新的Know-How或成功事例。

某次監督一項專案的行銷時，C將為了用Facebook廣告集客所做的登錄頁拿給我看。

「這個登錄頁的登錄表單，採用的設計跟大型企業的A公司一樣。」

C這麼說。

然而，上線測試之後，卻發現這個設計的登錄率，並沒有比其他設計好。明明是直接套用業界成功的大公司所採用的設計，亦即成功的Know-How，為什麼得不到相同的結果呢？

◉有時就算學習Know-How也得不到成果

Know-How就是某個領域的專業技術、手法、資訊、經驗，亦即成功的「訣竅」或「祕訣」。

網路行銷領域同樣天天都有新的Know-How公開。

學習Know-How的最大好處是，如果能善加運用，跟一無所知的人相比，獲得相同結果所需的費用與時間會更少。

然而，現實中也會發生，儘管學了各種Know-How，卻未能獲得成果的情況。有些人便帶著些許輕蔑之意，稱呼這類學習Know-How，卻不會妥善運用的人為「Know-How收集家」。

Know-How收集家本身雖然說並沒有錯（這麼說，我和共事的夥伴也都是Know-How收集家）。不過，拿得出成果的Know-How收集家，跟拿不出成果的Know-How收集家是不一樣的。

何者比較順利？

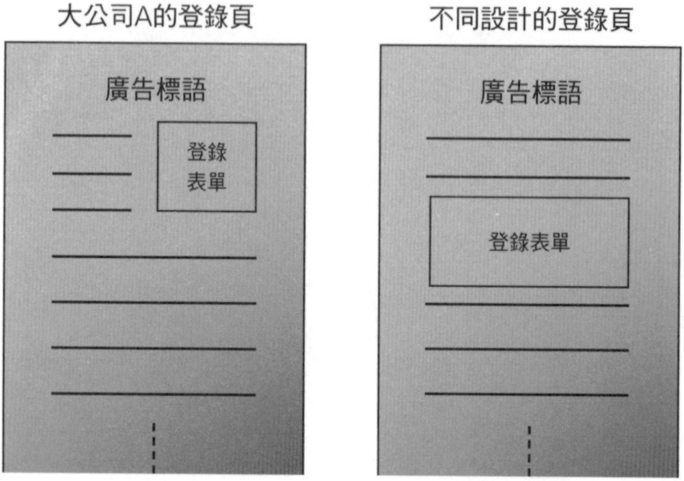

◉拿不出成果，是因為只看Know-How的表面資訊

所謂的Know-How，亦即「祕訣」或「訣竅」，取得時大多為片段的知識或資訊。換言之就是表面資訊。

無法運用Know-How做出成果的人，通常只看Know-How的表面資訊。

像前述的C，就是把A公司的登錄頁視為成功案例，誤以為只要照搬套用就能成功。

假使其他同業實行的措施很成功，自家公司因而如法炮製採取相同的措施，結果也未必會一樣，因為該公司與自家公司的狀況完全不同。不消說，雙方的顧客不同，商品內容也不一樣。此外，社會對公司的認知度也不盡相同。因此，即使做了相同的事，也不見得能有相同的結果。相信你一定懂這個道理。

A公司的登錄頁之所以能成功，背景因素在於，A公司都會定期向已列入名單的潛在顧客發布訊息，建立信賴關係。

此外也可能是因為，這個登錄頁只對已建立信賴關係的人公開，所以不必太在意設計也能輕鬆提高登錄率。

反觀C的情況，他是為了運用廣告蒐集新的潛在顧客名單，才製作登錄頁。雙方的背景因素根本不同，因此就算依樣畫葫蘆，也無法得到期待的成果。

●Know-How收集家想拿出成果必須做的事

不光是Know-How收集家，我們若想運用片段的Know-How得到好結果，究竟需要做什麼呢？

那就是了解背景，釐清這個Know-How是在什麼狀況下使用？是否能獲得成果？舉A公司的情況為例，應該要先了解「這對何種顧客有效」。

另外，還有一件至關重要的事，就是了解這個Know-How在自己採取的措施中能發揮什麼作用。

因此，我們必須掌握自己的集客流程，以及各項措施的作用。

再複習一遍，行銷的過程大致可分成3個階段。

①集客
②教育（提供價值、建立信賴關係）
③銷售

若不清楚這3個階段分別要實行何種措施、措施有何作用，學習Know-How時，就無法正確了解這個Know-How會在自己的集客流程中發揮什麼作用，最後不是不會運用，就是用了也得不到預期的結果。

◉掌握Know-How的背景，以及在自己的集客流程中的作用

世上沒有能在任何狀況下產生相同結果、再現率百分之百的Know-How。因此，我們需要能將Know-How應用到自家生意的能力。

要培養這種能力，就別只顧著追逐片段的知識或資訊、祕訣、訣竅，重點在於要了解Know-How可在什麼狀況下使用，以及在自家生意的集客流程中，Know-How是在哪個階段發揮作用。

當你詳細掌握這幾點後，就能學會應用Know-How，即使運用在自己的生意上也能獲得成果。

一開始雖然多少會有些困難，但希望你在學習Know-How時，能夠更加努力並深入去了解喔！

教訓◎了解Know-How的背景和作用

Know-How收集家本身並沒有錯。只要詳加了解，就會懂得運用累積的Know-How，因此務必去了解已有成果的Know-How背景，以及在自己的集客流程中，這個Know-How能發揮什麼作用。

4

「聽說現在如果不用YouTube就完蛋了。」

新手段流浪者症候群

一談起網路世界的技術，實在是怎麼說也說不完。SEO之類的搜尋引擎對策與各種網路廣告不用說，Facebook、Twitter、LINE@、YouTube、Instagram等各種媒體和手段、手法也是推陳出新。

我跟同業夥伴聊天時，或在學習會之類的場合上，也常大聊特聊「〇〇手段實際上成效如何？」這類技術方面的話題。

D也是個愛追流行的人，一聽說「現在是〇〇當道」就會立刻去嘗試該手段。只不過，因為那些手段對他的集客沒什麼幫助，日後又推出新的「〇〇」手段時，他總是會好奇而再度嘗試……就這樣周而復始。

有好多手段，但是……

◉只要換個手段就能根本解決問題嗎？

有些人像D一樣追逐各式各樣的手段，卻始終拿不出成果；有些人則無視那些被新媒體、新手段折騰的人，始終腳踏實地經營電子報這個既有媒體，因而客源穩定，生意蒸蒸日上。

D分明採用各種「聽說目前最紅」的手段，為什麼卻不順利呢？

試了這個也不順利，用了那個也不成功……不少人就像這樣不斷變換「手段」，卻依舊煩惱著「為什麼不順利」。只要換個手段，就真能解決招攬不到客源的問題嗎？

◉即使換個手段依舊拿不出成果的原因

請你再次回想一下集客的大前提。

- ・賣給誰（市場、目標）
- ・賣什麼（訊息）
- ・怎麼賣（媒體＝手法、手段）

我在前面的章節也說明過，要獲得反應必須符合這3點才行。只注意手段或手法而不順利的人，正是只顧著思考「怎麼賣？」這點。

這種狀態就好比在池塘釣魚，但池塘裡並沒有自己想釣的魚，所以始終釣不到魚，釣客卻不斷更換釣竿並抱怨：「怎麼都釣不到！」抱怨釣不到魚之前，釣客應該先調查想釣的魚在哪個池塘，以及那種魚喜歡的餌才對，否則就算他擁有再好的釣竿，也永遠釣不到想釣的魚吧。

集客的手段與手法也是如此。了解並學會釣竿——亦即手段的用法固然相當重要，但在此之前你必須先了解顧客，並準備好促使顧客行動的訊息，如此一來你才能開始有效地運用手段或手法。

◉總之，了解顧客才是最重要的

如果你不了解顧客的話，當然就會發生像那樣「試了最新的手段或手法卻不順利」的情況。

畢竟若缺乏傳達力，就算你拚了命地在沒有顧客的媒體上發布消息，也傳達不到顧客那兒。即使那裡有顧客，假如你不了解他們，而發布內容「離題」的訊息，顧客依然不會行動。

因此，追逐手段與手法之前，你必須先努力深入了解顧客，釐清「什麼是顧客無論要花多少錢都想擁有的東西？」、「什麼是令顧客輾轉難眠，亟欲解決的問題？」、「最適合用來滿足需求或解決煩惱，促使顧客展開行動的提案、訊息是什麼？」這些問題。

建議你先努力加深了解，再去研究何種手段適合傳遞訊息。乍看之下像是繞遠路，其實這麼做反倒可以節省時間和金錢，並順利達成目的。

◉目的並非精通各種手法與手段

如果進行得不順利，就表示前述「賣給誰」、「賣什麼」、「怎麼賣」的其中一點出了差錯。

畢竟一次就成功的機率微乎其微，建議你先仔細思考「賣給誰」，再一面測試「賣什麼」、「怎麼賣」一面改善。

在你被手法或手段折騰的期間，競爭對手說不定正把全副精神放在顧客身上，藉著使用已久的手段招攬到一大堆顧客。

你的目的並非精通各種手法與手段，而是招攬客源提升業績吧！

要避免成為手段流浪者，請你先從大前提開始仔細研究，再選擇最適合自己的手段進行集客。

◉只要這麼做，手段流浪者也能打開活路

仔細研究大前提後，便能嘗試各種手法或手段。

雖然我前面寫得好像對於被各種手段牽著走這點持否定態度，不過我的意思並非只能使用1種手法。

經商只用1種手法反而很危險。只用1種的話，當這個手段或手法無法使用時，你的生意就有可能全部完蛋。根據大前提嘗試各種手段或手法，不只可以擴大集客途徑，也能夠降低風險。

在網路上集客，勢必得在他人提供的各種平臺上定輸贏，所以也有可能某天突然被迫退出自己的競爭場所。

因此，只要充分研究我一再強調的前提後再去做，其實學習並嘗試各種手段與手法並不是壞事。

不如說，常保數種集客手段可以穩定客源、穩定業績，建議你不妨積極嘗試。

教訓◎別再當手段流浪者

徹底了解集客的前提，便能運用數種手段與手法集客。朝著擴大集客途徑與提升業績之目標前進吧！

5 「PV數愈多，業績愈好吧？」

一次定輸贏症候群

D從事諮商工作，為了集客，他成立自己的部落格，每天更新文章。勤勞地更新、努力增加文章數總算有了成果，PV逐漸成長，目前部落格的PV數1天約500次（PV即為Page View，指網頁的瀏覽次數）。1個月的PV數約有10000～15000次。

雖然訪客數比部落格剛成立時多了一些，對D的集客卻沒有任何幫助，他的客源幾乎全仰賴舊客戶的介紹。

D本想運用網路招攬客源，結果卻不順利，只能天天看著PV數嘆氣：「明明有這麼多人瀏覽部落格呀……」

◉凡事都要一次定輸贏未免太可惜

D來找我諮詢，於是我請他讓我看看網站和部落格。檢查D的網站和部落格時，我發現了令人惋惜的地方。

到底是哪裡令人惋惜呢？

那就是凡事都要一次定輸贏，換言之，就是突然向顧客銷售。

具體來說，D總是劈頭就介紹付費方案，因此難得造訪網頁的人，就必須當場決定要不要申請。

如果訪客當場就申請，當然再好不過，完全沒問題。

不過，即便是有潛在需求，今後有可能申請服務的訪客，假如造訪的時機不湊巧，那麼當看完網頁或部落格的文章後他就會直接離開。如果訪客能在想申請時，再度造訪D的部落格或網站，倒也不打緊。但是，仰賴不知何時會再來的訪客，生意就會做得很不踏實也不穩定。

常言道：「我們可以改變自己，卻不能改變別人。」網路世界也一樣，我們無法控制造訪人數（運用廣告就另當別論）。這種狀態就好比店一直開著等待顧客上門。仰賴無法控制

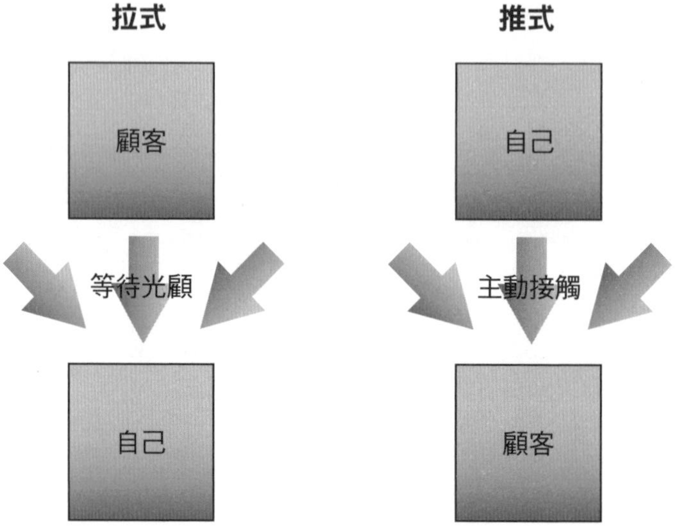

的東西，感覺有點可怕對吧？

◉懂得區分及運用拉式與推式

那麼，究竟要怎麼做，才能操控無法控制的東西呢？

想學會控制，你必須先知道要運用的媒體有什麼特色。

你聽過「拉式」和「推式」這2個詞嗎？

拉式為「等待」型的方式，賣方不主動接觸顧客，而是等著顧客上門。一般的網站、部落格、自有媒體，這些全屬於拉式媒體。

反之，推式為「進攻」型的方式，由賣

方積極主動接觸顧客。像電子郵件、Facebook的Messenger或LINE@之類的，就屬於推式媒體。

至於D面臨的情況，就是只用拉式媒體集客，他只能痴痴地等待不知何時才會上門的顧客。

因此，他必須懂得運用可主動接觸顧客的推式媒體。具體來說，對於有興趣但購買時機還沒到的顧客，他不該急著向對方推銷，而是必須安排可持續跟顧客溝通的手段。

而且訪客都還沒時間認識D這個人，就突然被推銷付費方案，對於訪客而言，要向完全不了解的陌生人購買服務，難度和門檻都相當高。事實上，D幾乎不曾透過網路獲得顧客，客源都是來自介紹。

◉先獲得潛在顧客，建立名單

什麼都不做，讓難得造訪的顧客（訪客）看完就離開，實在很浪費，但一開始就引導顧客購買付費方案，難度也很高。

既然這樣，該怎麼做才好？該用什麼辦法？

首先，請從降低部落格訪客抵達終點的難度著手。

換言之，就是調整部落格訪客所面臨的障礙，從「申請付費服務」轉變成「免費登錄電子信箱」。

之後，再使用電子報這項手段，將感興趣的訪客轉為潛在顧客名單保留下來。如此一來，就能利用屬於推式媒體的電子郵件，建立可由D主動接觸的狀況。

後來，D開始在部落格上邀請訪客登錄電子信箱，利用電子報向潛在顧客提供價值，同時也向他們介紹付費服務。

教訓◎將訪客變成名單吧！

只要將訪客轉為潛在顧客名單，建立可主動接觸的機制，就不用怕生意總是不穩定了。

建議你先了解推式媒體和拉式媒體的差別與特性，再有效運用於集客上。

6 「只要排在搜尋結果的前幾筆，商品就能大賣吧？」

優先排序無所不能症候群

上當了。

你或許會納悶：「沒頭沒腦的在說什麼啊？」其實上當的人不是我，而是F。

電話銷售員告訴F：「只要網站排在搜尋結果的前幾筆，顧客就會絡繹不絕喔！」他聽了很心動，便跟SEO公司簽約。之後，SEO公司實施了各種對策，網站也確實排在搜尋結果的前幾筆。

然而，顧客卻沒因此上門光顧，業績當然也沒增加。

雖說F也有些粗心大意，不過在搜尋引擎上的排序優先，顧客真的會絡繹不絕嗎？業績真的會增加嗎？

◉問個難以啟齒的問題：「SEO到底是什麼？」

能讓網頁在Google或Yahoo!這類搜尋引擎上，排在某關鍵字搜尋結果前幾筆的對策，就稱為SEO對策。

SEO為Search Engine Optimization的縮寫，意思是「搜尋引擎最佳化」。

介紹SEO的網站與書籍很多，但因為賣點正是SEO，大部分的網站與書籍都只介紹好的一面，不然就是只說明Know-How或技巧。

我既不是SEO專家，也不依賴SEO進行集客，在此就以網路集客與行銷專家的身分，為大家說明SEO的優點和缺點吧！

◉SEO的優點

SEO有以下幾個優點。

・不用花廣告費

中小企業大多沒有充裕的廣告費可花。由自己或自家公司進行SEO，可以完全不花一毛錢。

・能夠有效吸引訪客

畢竟搜尋結果都是從第1筆依序往下看，因此可以吸引到許多訪客。

搜尋結果排序對於ＰＶ，亦即瀏覽次數有多大的影響呢？根據某部落格提供的資料，用同一個關鍵字搜尋時，「排在Google搜尋結果第1筆的網站（網頁）獲得34．35%的流量，第2筆的網站則獲得16．96%的流量」（https://www.suzukikenichi.com/blog/first-position-at-Google-brings-you-double-traffic-to-second-position/）。

換言之，在吸引搜尋特定關鍵字的人造訪網頁這件事上，優先排序造成的影響最大。這麼說一點也不為過吧？

・能讓使用者產生「不是廣告」的信賴感

由於顯示在搜尋結果中的並非自己花錢刊登的廣告，而且還有搜尋引擎「背書」，進行搜尋的使用者便會認為「這不是廣告」，因而能抱持更多的信賴感瀏覽網頁。

另外，SEO和廣告的關係，類似PR（公關）和廣告的關係。廣告是花錢購買媒體的廣告版位，表達自己想傳達的訊息；PR則是運用「公共報導」這個方式，將訊息包裝成採訪內容再請媒體報導。

從對比廣告的角度來看，把SEO想成PR就比較容易理解了。

・方向性符合最近受到重視的行銷方式

最近常聽人說「使用者都很討厭廣告」。

這個看法應該也摻雜了想販售新行銷手法者的個人意見，不過……筆者個人覺得，與其說使用者討厭廣告，不如說現代的資訊量比以前多出許多，使用者沒看到，廣告自然就遭到忽略了。

無論如何，由於最近瀰漫這種氛圍，內容行銷（Content Marketing，提供有益內容，與顧客建立信賴關係，讓顧客主動購買的手法）及搏來客行銷（Inbound Marketing，讓顧客主動上門，而非透過推銷「要顧客購買」的手法）很受到重視。

此外，Google的網站排序也愈來愈重視內容，所以能夠運用這些正夯的行銷手法吸引訪客。

擁有自有媒體（自家公司的媒體）的企業愈來愈多，也是起因於這股潮流。

◉SEO的缺點

相反的，SEO有以下幾個缺點。

．無法操控網站的排列順序

想知道Know-How或技巧的話，只要調查各類網站或專業書籍就好，但基本上沒有一個資訊來源可以證明「Google的演算法就是這樣」。該如何解讀、如何運用，才能讓網站確實排在搜尋結果的前幾筆？

這個問題光看Google提供的指南，也無法得到確切的答案。

雖然有專業的先進反覆摸索，他們的經驗知識也轉為Know-How或技巧累積下來，但只要Google改版，這些經驗知識就不見得能派上用場。因此，想精準控制網站，讓它排在自己希望的順序可沒那麼簡單。

・需要花上一段時間

這點也跟前一點有關。就算該採取對策的部分確實做好了，網站也不見得能在當天之內排到搜尋結果的前幾筆，吸引訪客瀏覽。

另外，也無法保證網站何時會排到前面。

・依附平臺

我們是在搜尋引擎這個平臺，亦即他人提供的擂臺上比賽。因此，我們的生意得受他人控制，當比賽規則改變時，我們當然只能遵從。

以結論來說，SEO的優點是不必花錢就能運用，缺點則是不能花錢解決問題，也無法自行掌控。

◉只要運用SEO，讓網站排在前面，商品就能大賣嗎？

不過，SEO確實是非常有效的集客裝置，能幫助你步上軌道吸引訪客瀏覽，再加上免花廣告費的魅力實在很大，因此基本上，企業——尤其是中小企業——當然不可能選擇不用。

……以上是針對不認識SEO的人所做的超簡單說明，接下來才是正題。

只要善加運用SEO，讓網站排在搜尋結果的前幾筆，就能得到不少好處。可是，網站排在前面，就代表商品能大賣嗎？

答案既是亦非。

具體來說，這跟「網站排在何種關鍵字搜尋結果的前幾筆」有很深的關係。此外，如何建立「從搜尋結果引導顧客購買」的流程也有影響。

◉吸引到的訪客品質因關鍵字而異

運用SEO吸引到的訪客品質，因搜尋關鍵字而異。

・目標關鍵字：（例）隱形眼鏡
・長尾關鍵字：（例）隱形眼鏡　網購　便宜

如同這個例子，目標關鍵字的搜尋量比較多，如果網站排在前面，從搜尋結果而來的訪客便會暴增。不過，這些人是否為具購買意願的顧客就不得而知了。當中說不定有人是想賣隱形眼鏡才搜尋。

相反的，用長尾關鍵字（例如「隱形眼鏡　網購　便宜」）搜尋的人數可能比較少，但想在網路上購買便宜隱形眼鏡的人所占比例較大，換言之就是可以吸引到優質的訪客。

總之，重點就是讓網站排在，具購買意願的顧客會使用的關鍵字搜尋結果前幾筆，吸引優質的訪客。如果吸引到的是無法成為顧客的人，當然不可能帶來業績。

舉個現實中不可能發生的超極端例子。假如用「帽子　網購」這2個關鍵字搜尋，排在第1筆的卻是翻修公司的網站，搜尋者不太可能會轉而委託那間公司翻修房子吧？

◉流程若沒正常運作，訪客就算增加也無法使他們變成顧客

畢竟顧客是為了解決煩惱或需求才上網搜尋，即便他們造訪網站，假如裡面沒有能解決問題的文章也是枉然。因此，有無如前述的內容行銷那般，提供「有益的」、「能跟顧客建立信賴關係」的內容，就顯得很重要。

另外，提供好內容，跟觀看（閱讀）內容的潛在顧客建立長期的良好關係固然重要，我們總不能痴痴等待潛在顧客主動購買。隨著時間流逝而離開的人也會愈來愈多，所以我們必須建立能促使潛在顧客主動購買的機制。

假如這段流程沒正常運作，從搜尋結果而來的訪客就不會購買你的商品，變成真正的顧客。

因網站排在搜尋結果前幾筆而成功的案例當然不少，但遺憾的是，ＰＶ增加卻無法獲得顧客的失敗案例也很多。

事實上並不是只要網站排在前面，商品就能大賣。

教訓◎整體流程有無正常運作才是最重要的

讓網站排在前面固然要緊，網站要排在何種關鍵字搜尋結果的前幾筆、要提供何種內容的文章、要如何建立能使訪客變成顧客的流程也全都很重要。務必拋開「只要網站排在前面就好」的錯誤觀念，研究並建立「吸引優質訪客，建立信賴關係，銷售商品使之變成顧客」這一連串流程。

7

「只要蒐集潛在顧客名單，商品就有辦法賣掉吧？」

只顧蒐集卻不轉化成顧客症候群

G為了替自己的線上補習班招生，決定利用免費影音講座蒐集潛在顧客名單。於是，他吸引訪客來到登錄頁，請他們登錄電子信箱，再向招攬到的潛在顧客提供總計4次的免費影音講座。

這4部影片是連貫的，然而每公開1部新影片，觀看人數就變得更少。畢竟提供的內容有可能不符合某些人的需求，人數減少一點也是正常的。

可是，連第1部影片都沒看就離開的人（亦即只登錄電子信箱就離開的人）竟然高達7成以上。

畢竟是特地花廣告費蒐集的潛在顧客名單，G覺得很可惜，但卻想不出什麼對策。不消說，最終業績和報名人數都讓他很不滿意。

◉要將商品銷售出去，必須發布訊息獲得信任

我們再來複習一遍，不劈頭銷售的2階段行銷手法，亦即第1章解說過的網路集客基本流程。

①集客
②教育（提供價值）
③銷售

我再強調一次，除非是眾所周知的大企業商品，或選擇標準只有價格、商品內容一目了然的大眾商品，否則在網路上賣東西時，即使劈頭就向對方推銷，也沒什麼人會購買陌生人的商品或服務。相信你一樣無法信任不曾實際見過面、不知道是否真的存在的人。此外，你也不太可能會跟無法信任的人，購買商品或服務吧？

因此，為了抵達最後的階段「銷售」，我們必須發布資訊以獲得信用，運用各種手段建

立信賴關係。

適合某個人的手段可能是影片，適合另一個人的手段可能是部落格或媒體。另外，有些人為了取得潛在顧客的信賴，好讓他願意購買商品，便在登錄頁放上大量資訊，或是利用電子報提供足夠的資訊。

◉雖然總會有人離開，不過……

進行教育（提供價值）的過程中，那些不需要你提供的內容或不感興趣的人，以及內容不符合需求的人都會陸續離開，這是無可奈何的事。

不過，如果是感興趣，只是時機不湊巧或忘記的人，只要在適當時機追蹤，就能防止他們離開，抑或離開之後還會再度回來。

替未能順利邁向「購買」的潛在顧客，建立另一段追蹤流程，即可增加潛在顧客再度返回的可能性。

◉追蹤離開的人

具體來說，該怎麼追蹤離開的潛在顧客才好？

在此簡單介紹我實際使用的方法。

舉G的情況為例，他採用的方式是以3部影片，向登錄電子信箱的人進行教育（提供價值）。

具體而言就是以下流程：

> ①登錄電子信箱→②影片1→③影片2→④影片3→⑤影片4（銷售）

依照這段流程進行，並告知看完各部影片的人可獲得觀看小禮物，請他們在索取表單登錄資料。

舉例來說，請看完②影片1的人，在索取小禮物表單登錄資料，如此一來就能製作看過②影片1的訪客名單。

然後，用①取得的所有電子信箱名單，扣掉看過②影片1的人（索取小禮物的人），就能得到沒看②影片1的名單。

再向沒看②影片1的名單，也就是離開的人發送電子郵件，說服他們觀看影片，如此就能提高返回的可能性。

【所有電子信箱名單】－【看過影片1的名單】＝【沒看影片1的離開者名單】↑
對離開者名單發送追蹤郵件

◉了解理想狀態後，再試著跨出實際的一步

總的來說，較為理想的狀態，就是以最適合每一位潛在顧客的流程提供價值，將最終成交數與成交率最大化。

舉例來說，假設我們要吸引有高爾夫球煩惱的人。有的人不善於發球，有的人不擅長把球打上果嶺，有的人不善於推球入洞。

更進一步地說，高爾夫球袋裡的每一根球桿都有拿不拿手的問題，因此每個人的煩惱當然不盡相同。

當然，我們也可以按照煩惱的種類，設置吸引潛在顧客的入口，藉此區分流程。不過，最理想的做法還是劃分教育流程（或稱腳本），例如不善於發球的人用這段流程，不擅長把球打上果嶺的人用那段流程……依照每位潛在顧客的煩惱提供價值。

導入名單行銷系統或行銷自動化系統，確實能較為精確地建立如前例高爾夫那樣的流程，但從導入到使用，必須花費龐大的勞力和費用進行準備，好比說準備許多腳本。因此，假如你尚未對離開的潛在顧客採取任何對策，不如先以前述那種簡單的追蹤方式，測試看看反應有無變化。

以我的親身經驗來說，在定期舉辦、結構相同的行銷活動案件中，導入這段潛在顧客追蹤流程後，所有的教育（提供價值）階段反應率均提升了2倍左右。

教訓◎要最大限度運用取得的名單

追蹤離開的訪客，有機會能提升最終成交數與成交率。畢竟是特地投資廣告費才獲得的潛在顧客名單，一定要最大限度運用，拉抬自己的業績。

8

「做好網站後，就不必再費工夫了吧？」

做好就滿足症候群

H委託設計公司製作自家公司的網站。他花了不少錢，做出很棒的網站，但因為平常工作忙碌，網站就被他擱在一邊。之後也完全沒更新，網站就這麼閒置了很長一段時間。

H向周遭的人辯稱，他並未將網站當成集客手段，而是拿來代替小冊子，所以放著不管也沒問題。

但是實際上，H看到特地花大錢製作出來的網站，竟然是無法用來集客的狀態，簡直心疼死了。

◉網站並非做好就算完成

H誤以為，當委託設計公司製作的網站交貨並上線的時候，自家網站就完成了，也就是OK了。

不少人跟H一樣，網站做好就放置不管，結果白白損失了機會。網站並非只要能上線公開就算完成。

要是跟H一樣抱持錯誤觀念，懶得更新而閒置不管，就有可能錯失將特地製作的自家網站，當成集客手段運用的機會。倘若只是錯失機會倒也罷了，更糟的還可能造成弊害或麻煩。

要是特地製作的網站害自家公司陷入困境，可就非常冤枉了。

◉閒置不管的5種弊害

那麼，以下就舉出做好網站後，閒置不管會有什麼壞處。

・弊害①

有可能因為資訊過時，不符合現在的業務內容而造成麻煩。

假如來到網站的訪客，對已終止的事業或業務感興趣，洽詢之後卻發現公司已不再經營該業務或商品，自然不會留下好印象。最糟還可能接到客訴。

・弊害②

假如始終保持同樣的狀態閒置不管，完全看不到公司在網路上的活動，就有可能讓人質疑公司到底有沒有在營運，甚至誤以為公司已經倒閉。

你只要看一看最終更新日期是好幾年前，或網頁下方的版權聲明停留在幾年前的公司網站，就會明白這個意思。

・弊害③

如果閒置了好幾年，網站的設計也會顯得很「落伍」。由於設計會隨著時代潮流推陳出新，網站若不更新，公司就會給人「品味過時」、「跟不上時代潮流」的印象。

・**弊害④**

假如網站運用了Flash這類曾流行一時的技術，有可能因為瀏覽器更新版本，導致網頁無法正常顯示。

另外，如果網站不支援智慧型手機，顧客的印象和搜尋引擎的評價都會變差。順帶一提，Google已在2015年進行行動裝置友善化，假如網站不支援智慧型手機，搜尋結果排序大多會下滑。

・**弊害⑤**

就算自家公司的網站不曾更新，始終保持原狀，也可能因其他網站排名上升，導致自家公司的搜尋結果排序下滑。訪問量必定也會減少，對集客很不利。

◉網站做好就要培育

相信你已經明白，不更新網站會有很多壞處。

網站做好就要培育，也就是要持續更新，這點很重要。我們來看看持續更新能得到什麼好處。

・好處①

網站是依照目前的事業或業務構成，所以對內清楚易懂，對外友善好用，網站能夠派上用場。

・好處②

設計充滿現代感，能讓訪客印象更好。不只能讓人覺得「這是一家跟得上時代的企業」，也能提升企業的品牌形象。

・好處③

追加支援智慧型手機這類以前沒有的功能，可更方便訪客瀏覽，亦可避免因瀏覽器而無法正常顯示等問題。

網頁不易瀏覽、不易使用也是訪客離開的原因之一，留意這些小地方，對集客也有不錯的影響。

・好處④

充實內容的質與量，可提升網頁的評價，對搜尋結果排序也有良好影響。

・好處⑤

假使現階段不依賴網路集客，成立網站並吸引訪客瀏覽，也可多一個新的集客途徑，以避免用舊方法集客卻成效不彰的風險。

・好處⑥

製作徵才網頁，即可用於徵才活動。乍看之下這點沒什麼特別，其實求職者不只能看到應徵條件，還能了解這家企業，自然能吸引人才來應徵。為人力問題傷透腦筋的中小企業實在沒理由不這麼做。

做好網站後一定要更新並培育它，如此就能享受到許多好處。

教訓◎沒理由不更新

不更新網站會有很多壞處，但是更新能得到的好處更多。別做好就閒置不管，要持續發布對訪客有用的資訊。

更新並充實對訪客有幫助的內容，也可提高搜尋引擎的評價，使網站成長為可用來集客的工具。

第 4 章

不會帶來成果的
錯誤用錢方式

1 「利用網路就能免錢集客了吧？」

就是不想花錢症候群

A開始使用不必花錢的集客方法「免費部落格」招攬客源。

因為他本來就不太想為了網路的東西花錢，也不敢把錢花費在不太了解的網路廣告上。

於是，他寫了一些文章，也吸引到了訪客。

沒想到，本來沒有違反網路規章的文章，竟被服務供應商判定違規而遭到刪除，害得他始終無法順利集客。

◉不花錢集客就像在走鋼索

網路世界常可看到零元集客，或是不必花錢就能集客的方法。實際上，確實有不必花錢就能集客的方法。

不過，「只用不花錢的方法集客」這種觀念，真的沒問題嗎？

從結論來說，我不太建議大家像A那樣，「只靠不用花錢的集客方法」努力招攬客源。

或許有人會覺得：「既然不必花錢就能招攬到顧客，那不是最好的選擇嗎？」所以，接下來我就為大家歸納，不用花錢的集客方法與要花錢的集客方法，兩者的優點和缺點吧！

◉付費廣告的優點和缺點

這裡指的是花廣告費在網路上刊登的廣告。其實網路廣告的種類五花八門，多不勝數。

例如：「優先排序廣告」、「Facebook廣告」、「純廣告（例如橫幅廣告）」、「多媒體廣告聯播網」、「廣告聯播網」、「再行銷廣告」、「影音廣告（YouTube）」、「電子報廣告」、「業配文」、「聯盟廣告」……等等，隨便舉例就有這麼多。

若要詳細解說各種廣告手法說也說不完，這裡就省略說明。網路廣告同樣有優點和缺點，例如：

・優點①

付費刊登網路廣告的優點當然就是：不必花時間。只要完成投放廣告的手續，最快當天就能開始吸引訪客。

・優點②

可清楚掌握成本效益，輕鬆找出哪個部分的廣告費用根本是浪費。跟成本效益較難掌握的非網路媒體相比，網路廣告可避免廣告費的浪費或是花得毫無意義等情況。

・優點③

另一個很大的優點是，可以根據廣告手法，運用關鍵字或使用者屬性（地區、年齡、性別等），更精確地鎖定目標。

・優點④

可以配合廣告主的情況，自由控制預算、投放期間、投放或停止投放。

只要不是處於帳號遭到停權之類的麻煩狀態，你都能自行控制要投放多少廣告，以及是否要停止投放，這是網路廣告的最大優點。講白一點，就是可以用錢解決問題，可以花錢購買時間。

・缺點①

有得必有失，會產生廣告費可算是缺點之一。

・缺點②

視競爭情況，廣告費有可能暴增。

・缺點③

若想自行運用，就需要專業知識，因此必須先學習、做功課才行。

◉不用花錢的集客方法之優點與缺點

不用花錢的集客方法同樣千般萬樣。

例如：「部落格」、「免費部落格（日本Ameba部落格或livedoor部落格這類免費的部落格服務）」、「自有媒體」、「社群網站（Facebook、Twitter、Instagram、YouTube等）」、「可免費刊登廣告的入口網站」、「統整網站」……等等。

跟要花錢的集客方法一樣，這裡就不詳細介紹各種手法了。不用花錢的集客方法同樣有優點和缺點。

·優點①

不必花廣告費，能夠不花一毛錢就招攬到客源。

·優點②

造訪部落格或自有媒體的人，基本上來自搜尋結果，所以能招攬到有明確煩惱或需求的訪客。也因此，我們可用搜尋到的內容向訪客提供價值，更容易與訪客建立信賴關係。

· **優點③**

如果是透過社群網站吸引訪客，便能擴大流量，讓更多人造訪目標網頁。

· **缺點①**

若要藉由排在搜尋結果前幾筆的方式獲得集客效果，可能要花上一段時間。這種方式無法像廣告一樣，能夠確實縮短花費的時間。此外，即使花費時間和心力，也未必會有成果。

· **缺點②**

運用社群網站，得花時間培養帳號。此外，在原本就不是用來集客的社群網站上露骨地推銷，有可能會讓其他使用者反感。

· **缺點③**

由於是免費的媒體，服務隨時都有可能終止。

・缺點④

運用免費部落格或統整網站時，即便你以為自己沒有違規，文章仍有可能被判定違規而遭到刪除。

・缺點⑤

像部落格或自有媒體，這類依附Google或Yahoo!等搜尋引擎的免錢集客方法，順利的時候是很順利，但要是某天Google或Yahoo!突然改版，排序就有可能下滑，最糟還可能掉出搜尋範圍，失去之前吸引到的訪客。

若遇到排序突然下滑，完全吸引不到訪客的情況，不只無法確定能否恢復原狀，也不知道復原要花多少時間。

・缺點⑥

如同前述，不用花錢的集客方法，具有「必須依附提供服務的平臺」之風險。這項風險無法自行控制，換言之就是無法用錢解決問題，這是免錢集客方法的最大缺點。

◉只靠1種服務是很危險的

即使網路集客途徑因故中斷，只要介紹、傳單、DM等線下集客手法仍發揮作用，業績就不至於掛零。

但是，若只靠不用花錢的網路集客手段，而且還只靠1種服務的話，當你沒能從網路上招攬到客源時，你的生意就完蛋了。

相信你已經明白，不用花錢的集客方法與要花錢的集客方法，兩者都有優點和缺點。不過，不用花錢的集客方法具有「無法自行控制」的可怕風險，這是毋庸置疑的事實。當你要為自己的生意招攬客源時，一定要考量到這點。

若想快速且確實地招攬到客源，就必須靈活搭配免錢與付費的手段。

教訓◎了解兩者的優點與缺點再靈活運用

運用廣告快速且確實地發展生意，同時培養免費的集客媒體，將來就能減少廣告費並使利潤最大化。

靈活搭配不用花錢與要花錢的集客方法，既可避免無法控制的風險，又能使生意穩定成長。

2

「我沒錢，所以想自己來。」

網路＝做什麼都免費症候群

B打算運用網路開發新客戶。他是個凡事都愛親力親為的人，而且原本就很喜歡學習，所以他決定學習網路集客的知識，並一手包辦所有事情。

想製作登錄頁的他，很幸運的找到可免費使用的版型，但使用這個版型需要WordPress（用來製作部落格的免費軟體）。B對WordPress一無所知。打算全部自己來的他，便從「WordPress到底是什麼？」學起，又是看書又是查資料。

可是，由於他是趁本業的空檔進行，登錄頁遲遲無法完成。而且，因為他不熟悉那些作業，常常做不好而累積壓力。於是，每天都很忙碌的他，逐漸降低網路集客的優先度，也愈來愈抽不出時間。

不用說，B當然也沒辦法透過網路接到洽詢或申請。他所花費的時間和勞力，到頭來全都白費了。

◉在網路上確實能免費取得不錯的資訊，但……

B誤以為，在網路上可以免費取得任何資訊或Know-How，而且只要有那些免費的資訊，大部分的事都能順利辦到。

網路上確實有不少人免費發布有用的資訊，所以B的觀念不能說完全錯誤。對具備一定程度基礎知識的人而言，網路世界就像一座寶山，能發掘出許多資訊。

不過，正因為免費，有件事你千萬要注意。

所謂的免費，具體而言就是以下的意思：

> 免費＝必須得自己負責，分辨資訊是否可以信賴
> 免費＝一切都得自己來，無論結果為何都要自己負責
> 免費＝無人提供支援，就算搞不懂、就算失敗都要自己負責

總而言之，所有的事你都必須自己負責。

如果委託專家的情況下，儘管要花錢（姑且不談成果），但確實能收到成品，讓人安心。

反之，如果不花錢，無論有沒有完成，責任全部都是自己要承擔，即使不順利也不能埋怨別人。

◉如果把那些時間花在本業上，可以賺更多錢

我們來看看B的例子。捨不得製作費用，凡事都想自己來，就需要進行這麼多的準備。

- 調查免費製作登錄頁的方法
- 由於遲遲沒找到，調查花了不少時間
- 幸運發現好心人提供的資訊
- 因為想自己做做看，便花時間理解找到的資訊（※這個時候還不曉得資訊是否正確）
- 發現可用來製作登錄頁的免費版型

・發現使用該版型需要WordPress，於是調查WordPress的資料
・尋找免費提供WordPress資源的地方

如同上述，為了得到想要的結果，居然得繞這麼大一圈。此時已花費龐大的勞力和時間，然而就算做到這一步也還談不上完成。

假使之後很順利地完成安裝，接下來又得繼續「調查版型的使用方法」……一系列過程，等到設置完成後，才終於能夠進行本來的目的——製作「集客」用的內容。

此外，有不懂的地方時，又得回到免費資訊大海中，繼續花時間尋找不知能否真正解決問題的答案。

即便找到了以為是正確的答案，沒想到其實是錯的，只好再去找其他資訊……就這樣一直循環下去，最後卻得不到結果的人十分常見。

本來是想省錢才自己來，結果反倒花費龐大的時間和勞力。如果把時間花在本業上，說不定可以賺得更多。

◉免費的最貴？

網路上或許有許多資源可以免費取得，但想運用免費的資訊或知識，卻必須付出自己的時間和勞力。

假如花時間和勞力學習，實際嘗試之後進行得很順利，倒也沒什麼問題。但遺憾的是，有時也會發生看不懂資訊、進行得不順利、資訊根本不正確等情況。

舉例來說，假設你發現自己得了心臟病。如果你要從頭自學心臟的構造與心臟病的治療方法，再研究手術方法，然後準備需要的醫療器材……在準備好之前，你應該老早就沒命了吧？

再說，這種時候你根本不會想要自行治療。應該會立刻趕到醫院，花錢請具備專業知識、經驗與實績，而且值得信賴的醫生看診。

◉你本來的工作是什麼？

我在第2章提到，「中小企業或自營業的老闆，應該自己擔任網路負責人，自行處理行銷工作」，但我的意思並不是「連實際的作業都全要自己來」、「學習自己不熟悉的事物」。

我們確實需要最基本的知識，自行嘗試也並非壞事，但凡事都要自己來，只會使你忙不過來，對本該投注心力的工作造成負面影響。先釐清該做什麼才好，再委託專家進行需要專業知識的作業，不僅更能節省時間，花費的成本也比較低。而且，你能在最短時間內確實得到想要的結果。

一如治療心臟病得找醫生，網路世界、網路集客領域裡，也有許多具備專業知識、經驗與實績的專家。

與其堅持不花錢，結果失去你的寶貴時間與本該得到的利益，不如花點小錢投資，在最短時間內獲得想要的結果，最後也能獲得更多的業績。

當然，我們沒必要花無謂的費用，真正有需要時再花錢請專家處理就好。這是很理所當然的結論，但不知為何，很多人一遇到網路的事就變得糊里糊塗，因此千萬要當心。

教訓◎付費並非失去金錢，而是獲得巨大報酬的投資

總而言之，「花錢解決」較能在最短時間內得到想要的結果。

正所謂術業有專攻。建議你善加運用專家，讓自己的生意愈做愈大。

3 「想提升業績，一定要花廣告費吧？」

浪費錢亂打廣告症候群

C的公司利用優先排序廣告集客，販售A商品。

儘管確實獲得了客戶，達成A商品單月銷售額50萬日圓的目標，卻沒想到1個月的廣告費竟花了30萬日圓。

C的公司無法判斷這筆30萬日圓的廣告費是否合理，結果陷入搞不清楚有沒有賺到錢，只要賣出商品，就乖乖支付廣告費的狀態。

◉廣告費的運用方法與觀念

網路廣告跟其他媒體不同，優點是可清楚測定成本效益。不過，有些人跟C一樣，真要打廣告時，卻不太清楚廣告費該怎麼花才正確。

打廣告時，該怎麼規劃廣告預算才好？此外，要賣1件商品，最多可花多少廣告費？我們來看一下計算方法吧！

為了方便說明，這裡就假設商品陣容只有A商品1種。如果商品陣容中還有其他商品，或是每月定期販售的商品，觀念就會有些不同，但為了使案例淺顯易懂，還是先以只有1種商品為前提來說明。

◉廣告費最多可以花多少？

CPO為Cost Per Order的縮寫，意思是單筆訂單成本，也就是獲得1筆訂單所需的費用。

費用最多可以花多少，亦即CPO的目標值，只要以商品單價（售價）扣掉成本及想獲得的毛利額便能算出。

舉例來說，假設販售1件5萬日圓的A商品，成本為2．5萬日圓，想要獲得的毛利額為1萬日圓，CPO的目標值即為：

5萬日圓－（商品成本）2．5萬日圓－（目標毛利額）1萬日圓＝（CPO的目標值）1．5萬日圓

換言之，要賣出1件A商品，廣告費最多可以花1．5萬日圓。

只要在一開始的時候，像這樣訂出CPO的目標值，就能判斷廣告費是否花得太多、是否適切。

假如超過CPO的目標值，你可以改善登錄頁或廣告文案等提升反應率，使CPO降低。如果還是沒改善，就必須重新檢討廣告預算，或是將之視為「即使打了廣告也賺不了錢的商品」，然後停止打廣告，改用其他手段銷售。

◉設定廣告預算

接下來，設定整體的廣告預算。

舉例來說，假設A商品的單月目標銷售額為50萬日圓，用目標銷售額除以商品單價，就能算出A商品的目標銷售數量。然後，再用目標銷售數量乘以目標CPO，即可算出實際能

使用的廣告預算。

以此次的案例來說，具體計算過程就會是：

> （單月目標銷售額）50萬日圓÷（商品單價）5萬日圓＝（目標銷售數量）10件
>
> （目標銷售數量）10件×（CPO的目標值）1．5萬日圓＝（單月廣告預算）15萬日圓

換句話說，若要販售A商品，1個月的廣告預算最多可用15萬日圓。再看C的情況，由於廣告費1個月就花了30萬日圓，儘管達成目標銷售額，卻沒有獲得利潤。

◉測定廣告的成本效益

以C的情況為例，A商品的單月目標銷售額為50萬日圓，單月廣告預算為15萬日圓，而這個月A商品賣出16件，也就是說單月銷售額為80萬日圓，廣告費則花了30萬日圓。

A商品的CPO目標值為1．5萬日圓，用CPO目標值乘以銷售數量，就能算出廣告

費最多可花多少。

（CPO的目標值）1．5萬日圓×（銷售數量）16件＝24萬日圓

廣告費最多可花24萬日圓，但實際上卻花了30萬日圓，因此這個月的廣告預算超支6萬日圓。如此便能看出，儘管銷售額超過目標，這個月的銷售卻未能獲得預期的利潤。

◉運用廣告時也要推動PDCA循環

若想解決這個問題，就必須改善銷售程序。舉例來說，如果運用的是優先排序廣告，就可以藉著修正及改善關鍵字、廣告文案、登錄頁、申請表單、結帳方法等各種程序提升反應率，使CPO降低。

另外，即使獲得利潤也一樣，只要如同上述不斷改善程序，降低CPO，就能削減廣告費，提高收益性。

這種做法即是所謂的PDCA循環，也就是不斷進行以下流程：

P（計畫）：規劃目標CPO與廣告預算
D（執行）：實際投放廣告賣賣看
C（查核）：比較計畫與銷售結果，測定實績如何
A（改善）：根據測定結果改善銷售程序

如此一來，就能朝著業績利潤最大化之目標邁進。

◉如何避免浪費廣告費？

網路廣告是能讓許多人得知自家商品的出色手段。由於能夠清楚測定成效，不僅便於改善從而提升收益性，還具有可先小額投入的優點。

因此，建議你一開始先小額測試，努力達成目標CPO並獲得利潤。只要建立了獲利機制，不管花多少廣告費（只要不超過預算）都沒問題。接下來便可進入「投資愈多廣告費，利潤愈大」之狀態。

教訓◎只要計算清楚，就不必害怕廣告花費了

既然都特地花廣告費了，單純打打廣告的話就太浪費了。只要注意CPO，一邊小規模測試一邊推動PDCA循環，就能達成收益目標。

4「一時心動就委託了採用電話行銷的業者。」

銷售話術照單全收症候群

D的公司接到某網站製作公司的推銷電話。

「我們會做好SEO對策，讓貴公司招攬到客源。更新也由我們一手包辦，貴公司就算不管理也沒問題。」D聽了電話銷售員的說明後頗為心動，便跟那家製作公司簽約了。

不過，畢竟不確定能否成功，D不想在初期投資太多錢，於是簽了每月3萬日圓的租賃契約。5年總共要花180萬日圓左右。

正式簽約後，製作公司按照契約製作網站。網站順利製作完成，便上線到製作公司的伺服器。

D本來很期待能透過網路接到許多洽詢，結果卻期待落空，完全沒人透過網路來進行洽詢。

見成效不如預期，D想做點改善，但因為日常業務繁忙，便拖了一段時間。後來，當D終於打算更新網站而聯絡製作公司時，才發現製作公司早已倒閉了。輸入自家網站的網址試試看，也找不到網頁。

D的180萬日圓完全白花了。

◉如何不浪費寶貴的金錢、時間與勞力？

D所犯的錯誤，就是全盤相信電話銷售員說的「可以運用網路集客喔！」。既然銷售的是可用來集客的網站，該公司為什麼不用網路招攬顧客呢？

其實只要稍想一下就能發覺這一點，但聽信花言巧語而上當的案例卻不少。儘管有些同情跟D一樣遇過這種慘事的人，不過嚴格來說，沒有考慮清楚就簽約、付出寶貴金錢的人也有問題。

等到演變成麻煩狀況就為時已晚了。解決麻煩所花的時間、勞力與金錢，只是讓已發生的損失恢復原狀罷了，並不會帶來任何利益。

接下來就為大家說明，該怎麼做才不會浪費寶貴的金錢、時間與勞力，以及該如何保護自己。

◉公司採用電話行銷的原因

撥打推銷電話（有些企業則外包給電話行銷公司）是集客手段之一，這種做法未必不好。有些時候是公司詳加考慮後，才決定不採取線上措施，改用電話行銷這項手段接觸顧客。

這類公司的目的是集客，因此以電話行銷作為達成目的的有效手段，確實有幾分道理。況且，他們也真的接觸到、並獲得了客戶，因此也可認為他們只是採取理應使用的手段罷了。

不過，有辦法製作集客用網站的公司，基本上都能透過介紹之類的方式接到許多案子，因此平常總是忙得不可開交。

換言之，好公司根本不需要撥打推銷電話招攬顧客。因此，總的來說，「沒必要跟採用電話行銷的公司簽約」這點並沒有錯。

我的意思並非電話行銷這項手段不好，而是我們可以判斷，採用電話行銷的公司缺乏網路集客能力，正愁著沒顧客上門才使用電話行銷，所以沒必要特意選擇這種公司。

◉製作網站有必要簽訂租賃契約嗎？

另外，D簽訂的是租賃（Lease）契約。製作網站時，以「租賃」形式簽約比較有利嗎？

要判斷是否有利，必須先詳細了解簽訂租賃契約的好處與壞處。

對使用者而言，採租賃形式就能夠分期付款，並可壓低每個月的支付金額。假如你不想一次付一大筆錢，或是想壓低初期費用，這點就是很大的好處了。此外，對會計方面也有好處，不過這裡就不詳加說明了。

至於壞處就是不能中途解約，這點你一定要知道。更正確地說，解約時仍必須支付剩餘的租賃費。

了解好處和壞處之後，我們再來看看，究竟製作網站是否有必要簽訂租賃契約？

答案是NO。

畢竟集客情況是否順利，得等網站上線之後才會曉得，通常大家都不想一開始就付出大筆費用吧？

關於這點，租賃契約雖然有「可壓低每個月的費用」這項好處，但中途解約的話仍得付清剩餘費用才行，到頭來依舊跟一開始就付出大筆費用一樣。如果不幸遭到黑心製作公司欺騙，你應該會想儘早跟對方斷絕往來，並尋找新的合作對象，但遺憾的是，租賃契約一樣會在這種時候拖累你。

除此之外，如果碰上的是黑心業者，由於業者等於已回收所有款項，對方很有可能會隨便應付，或是不理會你的要求。

如同前述，租賃契約對受託者有許多好處，但對委託者卻沒什麼好處。製作網站時，建議你最好不要以「租賃」形式委託業者。

教訓◎聽信花言巧語之前，一定要仔細調查

沒必要發案給採用電話行銷的製作公司。此外，製作網站時也不該以租賃形式簽訂契約。

簽約得自己負責。盡量別害自己捲入麻煩當中。

5 「因為可以自己來，我還以為不必花大錢就能解決。」

過度相信自己能力症候群

在某場交流會上認識的F找我諮詢。他打算以網路作為開發新客戶的工具，所以想先成立自家公司的網站。

F已找到業者，也付了費用。明天就是雙方第一次開會。

但是，聽了他的描述後，我發覺網站的製作價格異常便宜。當初F也是看到價格只要〇萬日圓，覺得便宜才申請。

我出於擔心而調查了一下，結果如我所料。F找到的業者，是在伺服器上設置網頁版型，供客戶隨意套用或修改，至於內容則全要自己努力製作。也就是說，集客最重要的「從媒體內容企劃到內容製作」，F都必須自己來。

無可奈何之下，F只好自己想辦法，學習如何製作網頁。可是，他平常工作很忙碌，很難擠出時間製作。本來網頁只要套用版型，理應就「可以自行簡單製作」，結果卻遲遲沒有完成。

最後，F白花了那筆○萬日圓的費用。

◉製作公司也有很多種

F有些誤解「可以自己來」的意思。如果沒搞清楚「哪些部分可以自己來？」，就會像這個案例一樣，發生業者已經提供服務，但「花了錢網站卻沒做好」的情況。

其實製作業者也有分很多種，例如：

- 僅提供版型的業者
- 提供原創設計的業者
- 連內容企劃都包辦的業者
- 連登錄頁和圖像都包辦的業者

挑選製作公司時，做到哪個階段、要花多少費用，每家製作公司都不一樣。

此外，即使委託的是同一件案子，每間公司的價位也都不盡相同。以行情來說，只購買版型的話大約1萬日圓～數萬日圓，若是提供原創設計的業者就要數萬日圓～十幾萬日圓，若是包辦內容企劃的業者則要數十萬日圓～數百萬日圓。但是，我們也不能一概而論，說貴的比較好，便宜的就不好。

像F委託的業者，即使僅提供版型，由於製作和更新可以自己來，對於想快點製作的人，或是知識充足的人而言，就可能是非常棒的工具。

然而，相反的，由於集客最重要的「從媒體內容企劃到內容製作」必須自己來，如果自己不懂集客，就做不出有用的網站。因此，這是目前的F無法運用自如的服務。

◉不要因小失大

俗話說：「便宜沒好貨。」切記，價格便宜必定有其原因。決定委託之前，一定要向製作業者仔細確認包辦哪些項目，否則就會發生事與願違的情況。

像這個案例，如果F很清楚製作網站的目的，以及自己會做什麼事，理應就會明白自己該運用的不是這種服務。

他在委託之前，應該先釐清下列這些事項！

- 業者會幫忙做的事
- 必須由F自己來做的事
- 必須由F做的事，F會做嗎？
- 把不會做的事委託給業者去做時，是否符合成本效益？

只要委託者仔細思考一下，即便是價格便宜的業者也能做出很棒的成果。相反的，如果委託者沒仔細思考，縱使委託的是價格較高的業者，也不見得能做出讓人滿意的成果。

關鍵不在於價格，而是我們委託者的觀念。

目前，F改跟從企劃到運用都一手包辦的業者簽約，重新開始製作。由於這次找的業者，不必加收費用就能確實做好要求的內容，當然就不會發生網站遲遲無法完成的情況。而且，業者還提供行銷方面的諮詢服務，讓F不必再擔心該如何集客才好。

教訓◎便宜必定有其原因

委託之前，一定要先釐清自己會做什麼事、想委託什麼內容，以及業者能幫忙做什麼事。

6

「就算看不太懂製作費的報價單，也只能照著上面的金額付款吧？」

不知道要花多少錢而擔心到失眠症候群

即使拿到報價單，也看不懂內容，無法判斷價格是高是低、是否合理，只能全盤相信對方的說明……你是否有過這樣的經驗？

G也是這樣的人。

他想開拓新的集客途徑，打算製作自家公司的網站和登錄頁，於是決定委託製作公司。但是，拿到製作公司的報價單，看了內容之後，他卻無法判斷價格是昂貴還是便宜。

儘管最後G下定決心發案，他卻不曉得自己的決定是否正確，之後只能不斷祈禱這筆為網路集客所花的費用是值得的。

◉了解委託外部夥伴要花的費用

根據想製作的網站規模，有些人會委託製作公司，有些人則會委託個人工作室。但有時就算拿到報價單，也看不懂發案要花哪些費用吧？

相信有些人看到價目表或報價單時，都會忍不住納悶：「明明有免費製作的服務，或是能夠便宜製作的系統，為什麼要花這麼多錢？」

只要搞清楚製作需要哪些人參與、需要哪些作業，就能看懂報價單的內容。為了讓你有個判斷依據，我們來看看實際製作網站時要花哪些費用吧！

先說明注意事項。計算參與作業者的人事費時，大多以「人日」為單位。1個人1天（如果工作8個小時就算8個小時）的工作量，稱為1人日。有時報價單上不會標示人日，不過這個單位可作為查看報價單時，判斷業者的價格是按多少作業時間計算的基準，建議你不妨先記起來。

◉製作時會產生哪些費用？

那麼，我們就來看一下會產生哪些費用吧！

·諮詢費

有些業者會將製作前傾聽委託者的煩惱或課題（例如集客），並提出解決方案的服務，算成一筆諮詢費列在報價單上。如果是運用廣告集客，就會算成一筆費用，也有公司將之包含在監工費中不另外計價。

·監工費

花在監工人員身上的費用。無論是製作前的討論到製作完成之間的情形，或是確定製作物的樣式，監工人員都必須進行整體的進展管理。除了製作的時間外，費用也會隨製作物的規模變動，規模愈大費用愈高。

雖然這個項目並非實際花在作業上的費用，不過監工人員的工作非常重要，他必須向負責製作的專業人士仔細傳達委託者的想法，請他們按照要求完成製作物。要是在這個項目上

種類	自由度	價格
套用版型	低	便宜
版型加工	中	中等
原創設計	高	昂貴

討價還價，有可能會使整體的品質出問題，或是增加委託者要做的事情。

．設計費

如同字面上的意思，這是請設計師設計網站所需的費用。費用視設計範圍而有很大的落差。

舉例來說，若是直接套用版型（網站的設計範本），設計費就比較便宜；如果部分用版型加工，或是全部從頭設計，設計師的工作時間自然會拉長，費用也會提高。

．文案費

即使網站設計好了，若沒有文章可以刊登，網站也只是個空殼子。因此也需要撰寫文章的文案人員。

畢竟要販售的是自家公司的商品，最清楚商品知識、市場狀況、顧客煩惱的人，絕大多數都是委託者自己，因此也可以自行撰寫文章再委託業者製作。若採用這種做法，基本上就不會產生這筆費用。若是委託業者撰寫，當然就得支付費用。

文案費（尤其是登錄頁的文案）有2種計費方式，一種是固定價格，另一種則按成效收費。

如果是按成效收費，建議你先以一次付清的方式委託，看看業者實力如何後再簽約比較保險。假如貿然向實力未知、不知能否做好的人委託成效收費型案件，若運氣好順利達成目標，雙方就能建立Win-Win關係。但要是不順利，就會變成Win-Lose關係，因為花費的時間不會再回來，而文案人員不管成功與否，都能按相同比例取得報酬，但委託者卻無法獲得滿意的銷售額。

・相片拍攝費（影片拍攝費）

假如委託者可自行提供相片或影片，就不必花這筆費用。若需要另外拍攝，可能就得支付拍攝費用。外面也有許多專門提供相片或影片等素材的業者，你可以比較請人拍攝跟直接購買的費用，再以較低的價格取得相同品質的素材。

‧編碼費用

按照網頁樣式編寫程式碼也需要支付費用。有些業者會包含在設計費裡。

‧系統研發費用

如果需要獨自研發系統，例如預約系統、報價系統或是洽詢系統，就得支付這筆系統研發費用。

不過，最近大部分的系統，都能用WordPress之類的CMS（內容管理系統）外掛程式，或ASP（在網路上提供應用服務的供應商）來應付。只要不是太特殊的系統，應該就用不著研發了。

◉實際的製作費行情是多少？

製作時會產生哪些費用，到此說明完畢。以下則是包含上述費用在內，製作網頁或網站時所需費用的行情。

- ‧製作登錄頁：10萬～30萬日圓
- ‧製作企業網站：50萬～80萬日圓（視網頁數量而有很大落差）
- ‧製作入口網站：100萬日圓起跳
- ‧製作電子商務網站：50萬日圓起跳

不過，所謂的行情，老實說有跟沒有一樣。這也是當然的，畢竟費用視你委託的公司規模或製作物而異。此外，即便是同樣的製作物，費用也會隨業者負責哪些部分（例如從諮詢到製作全一手包辦，或真的只負責製作而已）而有很大的落差，因此上述的行情也只是僅供參考。

◉並非做好就沒事了！維護很重要

網站並非做好就沒事了。如果要將網站培育成集客媒體，就需要進行維護。

我們來看看維護和管理要花哪些費用吧！

・伺服器租用費

如果沒地方存放資料，特地製作的網站就無法上線公開。因此你需要租借伺服器。共享伺服器的租借費用，視業者或租用的容量、服務內容而異，基本上1個月數百日圓起跳，最貴也頂多5000日圓左右。大部分是簽1年約，每年都得續約。（編按：台灣的伺服器租用費每月從數百元至數千元不等，視業者而異，同樣多是簽1年約）

・域名費用

像「○○.jp」或「○○.com」這類域名也必須申請才能使用。費用視「○○.××」的「××」而異，你必須根據網站的性質選擇域名。域名費用1年數百日圓～數千日圓，每年都得續約。

順帶一提，各種域名（.com、.net、.biz等）的意思，可到JPNIC（https://www.nic.ad.jp/jp/dom/types.html）之類的網站查詢。（編按：台灣域名費用及資訊，可至台灣網路資訊中心TWNIC〔http://www.twnic.com.tw/〕之類的網站查詢）

・修改費用、更新費用

成品交貨後，若要委託業者修改或更新，當然需要人手處理，因此就有可能產生費用。計費方式有2種，一種是每月支付維護費，另一種是按次支付費用。修改和更新是必要費用，在製作階段規劃費用時一定要考量進去。

◉了解內容後再討論，跟製作公司同心協力做出好網站

由於網站只存在於螢幕裡，有些時候很難想像要花的費用。基本上，費用都是來自於參與製作的「人」負責的作業。

使用別人的時間，當然要花錢。假如委託者無視這一點，提出不合理的打折要求，最後只會害品質變差，雙方都無法獲得幸福的結果。

就算要交涉價格，也別只是一味殺價，應該先檢查製作公司說明的作業明細，雙方再一同摸索，訂出最符合成本效益的方案。

教訓◎並非只有製作要花錢

製作費用並不是愈貴品質愈好，愈便宜品質愈差。

規劃費用時，一定要考量到製作網站所需的作業不只設計而已，此外維護和管理也得花錢。

第 5 章

白白浪費經費的錯誤委託方式

1

「只要照專家說的去做就能放心了。」

凡事都OK所以失敗症候群

A想用自家公司的網站集客，於是委託SEO業者實施對策。令我驚訝的是，他跟業者簽了2年約，每個月都要支付數萬日圓。

簽約之前，業者幹勁十足地強調：「網站馬上就會排在搜尋結果的前幾筆，貴公司也會接到許多洽詢喔！」不太了解網路行銷與SEO的A，就這樣全盤聽信業者的話乖乖簽約。

然而，簽約之後卻沒看到任何成效，集客當然也沒有成果。A都不禁懷疑，業者該不會完全放置不管吧？

由於業者表示他們實施了各種對策，A也只能相信業者的解釋（藉口）。眼見對策毫無成效，只是在浪費時間，A認為這樣下去不行，想要解約。偏偏他簽的2年約是不能中途解約的，最後落得「把錢丟進臭水溝裡」的下場。

◉全丟給業者大多不會成功

缺乏知識或經驗而借助專家的力量固然重要，假如委託方式不正確，只會浪費金錢和時間。A的情況有點可惜而且是很糟糕的例子，像他那樣盲信業者的花言巧語，最後卻失敗的人實在不少。

該怎麼做才能避免像A那樣的失敗呢？

網路集客很順利的公司（人）與不順利的公司（人）差別在於，不太順利的公司大多喜歡把事情全丟給業者處理。

當你將業務委託專家時，若不了解（無法了解）實際進行的事，以及要做的事，就只能將業者的話照單全收，這也是之所以無法順利的原因。

我們雖然沒必要學習太過深入的專業知識，仍必須具備一定程度的知識，這點很重要。如此一來，當你跟業者討論時，至少能夠明白業者要做的事，是本書再三提到的「集客」、「教育（提供價值）」、「銷售」這段集客流程中的哪個程序，抑或不順利的是這3個程序中的哪個部分。

◉為什麼不能全盤聽信業者的話？

極端來說，專家、網路、書籍、免費影片或報告所說、所寫的內容，未必全是正確的。更正確地說，「大部分是正確的，但有時也會包含錯誤的內容」，這是你必須先了解的大前提。

我在有關Know-How的章節也提到，研究這類資訊時，往往會發現「在特定條件下能夠成功，但不見得能套用於所有情況」。

特別是關於SEO的資訊，更要多加留意。畢竟Google一改版，規則就會改變，資訊有可能過時導致內容不正確。內容有保證的只有Google發布的資訊而已，有時候就連專家之間的見解都不盡相同。

因此內容若跟SEO有關，除非是Google發布的資訊，否則最好別盡信專家說的話，要持保留態度。

順帶一提，Google發布的資訊可以到以下網站查看。

・Google網站管理員官方部落格
https://webmaster-tcn.googleblog.com/

・搜尋引擎最佳化初學者指南
http://www.google.cn/intl/zh-TW/webmasters/docs/search-engine-optimization-starter-guide-zh-tw.pdf

・您需要SEO嗎？
https://support.google.com/webmasters/answer/35291?hl=zh-Hant&ref_topic=3309300

我並不是說，專家口中的「正確見解」全都不能相信。其實也有很多優秀的專家，是根據實踐與實驗所累積的資料發布資訊的。

不過，建議你還是要先理解那並非官方發布的資訊，在這樣的基礎上再判斷是否值得相信。

有些時候確實需要「聽完就立刻決定」的魄力，但當你有任何不清楚的地方時，不妨先深呼吸，然後自行搜尋資訊內容進行查證。

◉即使只學會基本知識也能防止麻煩發生

雖說不能全盤聽信專家的話，但當然也不該選擇全部自己來，不委託專家幫忙。若要自行從頭一邊學一邊做，就得花費龐大的時間和金錢，這段期間也有可能錯失機會。想讓生意持續成長，哪些事可交給比自己優秀的外部專家就儘管委託，你必須更加專注於自己的重要工作。

不過，雖然「委託專家」這種事誰都辦得到，最好仍要避免聽信花言巧語而吃虧，白白浪費金錢、時間與勞力。

因此，建議你先學會有關委託案件的基本知識。雖說不管自己再怎麼小心、獲得再多的知識或資訊，不順利的時候依舊會不順利，但很多時候只要學會基本知識，就能防止麻煩或失誤發生。

教訓◎能負起責任的只有自己而已

若希望委託案件後能得到好結果，在你全盤聽信業者的話之前，先自行學會最基本的知識。

能為委託業者處理的案件結果負責的人，只有自己而已。

2

「既然對方是專家，只要告訴他大致的概念就沒問題了吧？」

即使告知概念依舊造成誤解症候群

B打算製作登錄頁為新服務招攬客源，於是找上某家製作業者。他向設計師說明委託的內容，不過大部分都按照設計師推薦的去做。

設計師根據B提供的資訊，盡己所能做出值得推薦的設計，然後提交給B。

遺憾的是，這跟B發案之前所想像的設計落差太大。

最後，設計師一開始做好的網頁設計被打了回票，必須重新設計才行，結果多花了不必要的勞力和時間。

◉委託者和製作者的溝通

像B那樣已告知委託內容，不知為何成品依然不符要求的情況十分常見。委託外部設計師這類專業人士時，該注意哪些重點，才能讓對方依照自己的委託內容做出成品呢？

說明具體內容之前，先來談談委託工作時的溝通重點。只要掌握這點，就能更懂得如何向對方說明委託內容。

這個重點就是：「進入對方的體內，用對方的眼睛看著自己」。

這聽起來有點抽象複雜，你不妨想像必須靠電話為不認識路的人指路的情況，這樣或許會比較容易理解。

舉例來說，客戶要造訪你的公司，途中卻迷了路，於是打電話給你。假如那位客戶沒帶地圖或智慧型手機等任何能夠指引路線的工具，請你想一想該怎麼說明，才能讓他聽懂並順利抵達公司。

第一步當然是先詢問客戶目前人在哪裡。假如客戶對這一帶不熟，就請他說說附近看得到的事物，藉此確定他的所在位置，以及正前往哪個方向。接著，一面想像前往自家公司的路線，一面向客戶說明行進過程中會看到的路標或十字路口，遇到岔路時也要從客戶的角度告訴他該往右還是往左。

簡而言之，就是要說明得簡單易懂，別讓對方誤解。我便是遵照這項原則，試著向你具體說明表達的概念。

◉委託外部夥伴時要注意的5個重點

掌握表達的概念後，接著來說明我每次發案，要向幫忙製作的夥伴說明委託內容時，一定會注意的幾個重點。

①要儘早告知設計師預定日程與製作物內容

別以為委託之後，設計師馬上就能設計好。設計師除了你的委託之外，通常還有許多案子要處理。

因此，如果你臨時才委託，硬要對方「趕工」，不只會給設計師帶來不必要的壓力，也會帶給對方負面印象，不想再跟你合作。更不用說，急就章的製作過程是不太可能得到好成果的。

在你決定委託之後，要儘早告知對方預定日程及製作物的概要，這點很重要。這麼做不是要給設計師心理準備，而是要確保對方有充足的時間設計，如此一來就能避免不必要的麻煩。

②盡量仔細說明製作目的、製作內容、目標（賣給誰）、提案（賣什麼）、集客手段（怎麼賣）

請盡量具體地告訴對方，網頁的使用目的與內容、目標（賣給誰）、提案（賣什麼）、用什麼方法吸引訪客瀏覽網頁（怎麼賣）。

例如以下這樣：

> 這次要製作的是，為〇〇老師的免費講座招生用的登錄頁，集客手段則是寄發電子報給本公司的潛在顧客名單，引導他們前往登錄頁。目標為有集客煩惱的40幾歲男性中小企業經營者，提案則為邀請他們參加免費講座。

關於內容，只要看過登錄頁的架構案或草稿，設計師應該也能大致理解才對。不過，如果有看了之後仍無法理解的部分，最好還是盡可能為對方詳細說明。如此一來就能避免設計師犯下意想不到的失誤。

③盡量避免抽象的說明

委託時，盡量避免使用「華麗的感覺」、「柔和的感覺」、「時尚」等，這類感受因人而異且落差極大的抽象形容。

舉例來說，假如你要求「強調文字」，對方有可能解讀為「加粗文字」、「放大文字」或「使用紅字」等各種意思。若想盡量減少委託者與設計師的理解落差，就要盡可能具體地提出委託。

以文字為例，委託者必須具體說明以下項目：

- ．字型（除非你知道具體名稱，不然用「黑體類」或「明體類」就夠了）
- ．大小（如果不曉得，就憑自己的感覺指定○ｐｔ，亦可利用架構案或參考網頁表達文字大小）

・粗細（粗體、細體）
・裝飾（如果有可參考的網頁，就告訴對方網址，一邊參考一邊說明「就像這個網頁的感覺」，這樣會比較好理解）
・顏色（盡量利用參考網頁或架構案指定顏色，讓對方有個概念）

委託時要像這樣盡可能具體說明。如果無法單靠文字說明，就提供參考網頁的網址或網頁架構案（草稿），利用可見之物表達。

④提供架構案（自己用Word製作再印出來的草稿）或參考網址

也就是③的最後那一段。請對方設計時，不妨提供可參考的（想做出類似感覺的）網頁網址，並具體告訴設計師「想採用哪個部分的要素」。

有些人可能一時之間想不到要參考什麼。其實網路上也有網站提供許多可參考的網頁，例如「登錄頁集」（http://lp-web.com/，僅日文），你可以從各種樣式中找出接近自身要求的範本。

登錄頁架構案範例

免費小禮物索取期限　還剩〇天〇小時〇分〇秒

〇〇〇〇權威，
大方公開〇〇的〇〇〇〇！

✓ 未舉辦任何促銷活動，著作銷量即衝上業界冠軍
✓ 曾應〇〇邀請擔任講座講師
✓ 電視、雜誌等媒體爭相採訪報導
除此之外，還有許多驚人事蹟！

藉著日本尚無人使用的手法，**接連締造狂賣佳績**，
〇〇〇〇〇〇〇〇〇〇〇〇〇〇〇〇〇〇〇〇
〇〇的「**全新〇〇**」，不藏私大公開！

立刻免費索取

- -
- -
- -

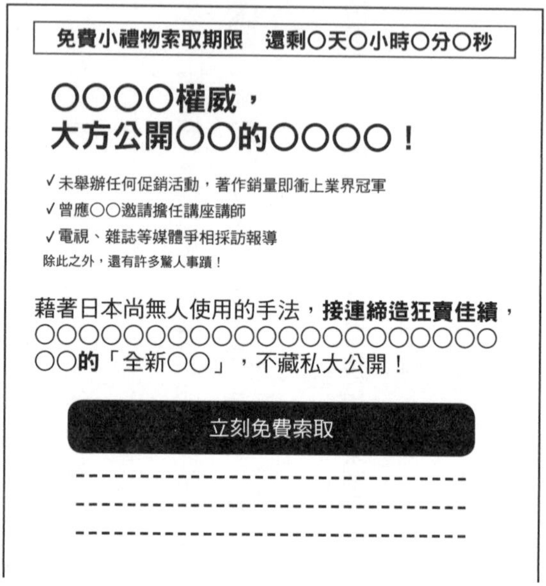

⑤別委託完就放手不管，先請設計師以能夠想像的方式提交委託內容，並在動工之前互相確認方向

尤其是「Above the Fold」，亦即開啟網頁後看到的第一個畫面，絕不能倉促進行，必須反覆溝通仔細製作，直到網頁符合想像為止。

●**分清楚哪些部分交給對方，哪些部分不交給對方**

建議你盡量不要使用「你來推薦」或「全交給你」這類委託方式。

由於提供的資訊不足，設計師只能

250

在不知方向是否正確的狀態下，努力進行作業以回應你的要求，這樣有可能害雙方必須費兩遍、三遍工。

詳細的配置與設計的協調性，交給專家比較好，不過大方向，尤其是前述的5個重點，至少要由委託者負責指定與進行。如此一來，成果便能比毫無想法就委託專家更符合自己的要求。

教訓◎對方看不見你腦中的想法，所以必須說明得具體且容易理解

如果不想浪費彼此的時間，溝通與委託方式就得簡單明瞭，這樣才能讓對方在最短時間內，製作出符合想像的網頁。

3

「這個網站超酷的，商品一定能大賣吧？」

最喜歡漂亮網頁症候群

C想利用網路招攬客源，為了製作自家公司的網站，便請人介紹認識的設計師。幫忙介紹的人說，對方是個很有設計品味的人。

C原本就對創作及設計方面很敏銳，他心想：既然都特地請人製作了，做個設計精美的網站應該更能吸引顧客。於是，他請設計師製作一個時尚的「美麗網站」。設計師也認為，能接到這件案子是設計者的幸福，因此投注相當大的心力來製作。

經過幾次討論後，終於製作出非常時尚美麗的網站。C和設計師都很滿意網站的設計。周遭的人也都稱讚網站十分漂亮，因此C非常期待能吸引到許多顧客。

然而遺憾的是，網站上線公開之後，始終沒接到能帶來業績的洽詢。

◉製作網站的目的是？

C誤以為只要製作「漂亮的網站」，顧客就會主動上門。設計師則完全按照委託內容，製作出「漂亮的網站」。

假如公司沒把網站當成銷售手段或集客手段，只要能取代小冊子就夠了，確實也是可以做個設計精美的網站擺在網路上。

不過，拿起這本書的讀者，理應有98％是對網路集客有興趣，或是想要招攬客源的人，因此各位製作網站的目的當然就是「集客」吧？

若是以集客為目的製作網站，重點就不在於設計的精美度。C就是搞錯了這點，才會招攬不到客源。

◉集客用的網站講求什麼？

那麼，集客用的網站究竟講求什麼呢？

以下就來說明，以集客為目的製作網站時要注意的重點。

①訪客的終點

第一個重點是，網站的架構有無符合銷售流程。

尤其是販售難以立即兜售的商品或服務時，更要在規劃階段就先決定清楚，要將訪客的終點設在哪裡。你的目的是要吸引潛在顧客？還是為了獲得洽詢？抑或為了販售商品？假如沒先決定終點，結果就會有很大的差異。

②跟其他同業相比時，顧客願意選擇自家公司的理由

另一個重點是，一定要含有能讓顧客選擇自家商品或服務的理由與說明。切記，顧客必然會拿其他同業做比較，因此要加入能讓顧客在比較時，願意選擇自家公司的理由。

③必備的構成要素

無論是集客用的網站，或是單頁的集客用登錄頁，基本上構成要素都一樣。具體來說，網頁要包含以下內容：

- 廣告標語（簡潔有力地介紹你提供的東西，並要引起訪客的興趣）
- 顧客的煩惱或需求
- 可解決顧客煩惱的辦法（＝服務內容）
- 能讓顧客選擇自家公司的理由（與其他公司類似商品或服務的不同之處，或是可解決顧客的煩惱及滿足需求、自家公司所堅持的部分）
- 利益（購買自家公司的商品或使用服務後，顧客可獲得的未來）
- 可作為證據的東西（例如現實中顧客的感想，如果是需要數據佐證的東西就公布實證資料，還可以請名人或權威推薦，總之就是提出足以讓人信任網站內容與自家公司的證據）
- CTA（Call to Action，亦即你希望瀏覽網站的訪客採取什麼行動。若希望訪客打電話，就留下電話號碼；若希望訪客洽詢，就設置洽詢表單；若想取得電子信箱，就設置電子信箱的登錄欄位；如果是能立即販售的商品，就連結商品銷售網頁）

這裡就舉一個實際用於集客用網站的網頁架構範例。

- 首頁
- 選擇的理由
- 方案與費用
- 顧客的感想
- 交通資訊與地圖
- 洽詢

其實CMS（內容管理系統，用不著編寫html也能更新網站的便利工具）也具備可按這個架構製作的版型（參考：http://cms-rwc.com/，僅有日文）。與其從頭設計而一籌莫展，不如先用方便組合必備要素的版型來製作，更能收到事半功倍之效。

◉雖說漂亮的網站未必就是招攬得到客源的網站……

看完前面的說明，也許有些人會產生「完全不需要精美的設計」這種極端感想。其實，設計方面當然也有必須注意的重點。

一眼望去無法看明白內容，或是外觀不佳的網頁，有可能對集客造成負面影響。問題不在於訪客的直接反應（舉傳單為例，有時外觀不佳或是格外與眾不同的傳單，反應反而更好），這是可信度的問題。

舉例來說，即便信裡寫的內容都一樣，字體工整的信讀起來比較輕鬆，內容也比較容易看懂。

反之，如果字寫得很醜，就算內容再精彩、足以引起興趣，對方也看不懂，或是打消看信的念頭，最糟還可能令人質疑寫信者的判斷能力。

假如早已了解對方的為人，自然不會產生疑問，但是別忘了，網站面對的基本上都是陌生人。外觀不佳的網站，有可能使人懷疑：「這間公司真的沒問題嗎？」讓專程造訪網站的人能看得舒適，是「最基本的禮貌」，因此絕對要重視設計品質。請別以為只要內容好，一切都好。

即便你製作了可解決訪客問題的完美內容，或是擬出充滿魅力、傻子才會拒絕的精彩提案，假如瀏覽網站的人無法接收到這些資訊，依舊沒有任何意義。

發案時，請務必要求設計師重視瀏覽的舒適度與易讀性，讓造訪網頁的人能毫無壓力地獲得必要資訊。

舉例來說，以下是集客用的網站特別該重視的重點：

- 要能在開啟網頁的瞬間清楚看到大標題（廣告標語）
- 要讓訪客能看清楚文字，別讓背景遮住文字妨礙閱讀
- 別讓裝飾影響到重要的文章，使人難以閱讀
- 別使用過多顏色，讓人難以一眼看出哪個部分才是重點

無論是發案時，或是檢查完成的設計時，都一定要注意這幾點。

教訓◎為什麼需要精美的設計？

在「讓訪客閱讀起來更輕鬆，理解起來更容易」這層意思上，設計非常重要。不過，單純美化外觀的設計，並非運用網站集客時必備的要素。製作集客用的網站時，一定要先了解網頁必備的構成要素，以及設計時該留意的地方，並將其精確地傳達給設計師。

4「交給廣告代理商就沒問題了！」

不負責任全丟給別人症候群

D請一手包辦製作及網路行銷的製作公司，利用優先排序廣告招攬客源。由於D缺乏專業知識，所有的事他都交給製作公司去處理，講難聽點就是全丟給對方。D跟那家公司往來已久，感覺就像是半個朋友，因此他並未特別要求對方報告運用後的成效，每天只管處理自己的工作。

然而實際上，雖然廣告預算有在消化，卻沒招攬到能帶來業績的顧客。

D抱持錯誤的私見，以為只要委託專家，對方就會幫他做到好，結果落得浪費金錢和時間的下場。

◉想積極運用專家的能力，但……

本例中，D委託的是廣告代理商。其實不只廣告代理商會遇到這種狀況，將工作全丟給外部夥伴的情況也十分常見。

我的意思並不是「別把工作委託給外包商，全部自己來」，反倒認為大家應該積極委託專家。與其自己從頭學習技術、反覆摸索……委託精通該領域的專家更能縮短時間，還可以壓低總費用。

事實上，我也是沒空自行處理廣告運用及製作的作業，所以都委託給值得信賴的公司或夥伴。由於我很留意委託時的重點，每次都能收到很棒的成果。我也在本書中再三強調，若要節省時間、勞力與金錢，就該拜託合適的外包商（專家），這點非常重要。

可是，只要委託專家，一切就能成功順遂嗎？

假如全丟給對方也完全沒問題，事情能進行得很順利，當然沒有比這更棒的事了。但遺憾的是，像D那樣的失敗例子實在多不勝數。

◉想跟廣告代理商或夥伴好好相處，就必須注意5個重點

如果不想因為工作全丟給對方而得到不滿意的結果，希望外部夥伴能交出好成果，就該注意以下幾個重點。

①別把對方當成業者

你要有這樣的心態：絕不能因為自己委託工作給對方，就把外部夥伴當成業者，用高高在上的態度做事。

代替自己，以自己贏不了的品質與速度，完成自己不會做卻很要緊的工作的人，正是重要的外部夥伴。不懂得尊重專業的人，顧客同樣不會尊重他。請將他們當成自己的重要夥伴，抱著尊敬的態度與他們往來。

②要分散發案，不要集中於同一個地方

第2個要注意的重點是，若工作內容相同，就要盡量將工作委託給2家以上不同的公司（或2個以上的個體戶）。

畢竟他們是外部夥伴，有時候也可能會因工作繁忙而無法承接工作。因此，若將相同內容的工作委託給不同的地方，即可避免需要幫忙時卻無法委託對方，從而導致工作停擺的風險。

此外，這麼做亦可以比較每個夥伴的工作成果，我們也能夠藉此評定被委託方的工作品質。

③委託者也要具備最基本的知識

這點跟②也有關聯。假如我們不懂工作內容，就有可能不得不任專家擺布。雖說不能把對方當成業者，但也不能任對方擺布，我們委託者必須掌握主導權才行。因此，你可以像前述那樣分散發案，評定工作品質。另外，事先學習有關委託案件的基本知識，也能查核外部夥伴。

④委託者也要努力提供好處

既然一起做生意，就必須建立Win-Win關係。如果殺價殺到低於行情，或是對工作提出過多要求，就會演變成Win-Lose關係，長遠來看更可能變成Lose-Lose關係。

如果想將費用壓得更低，有些時候只要提供金錢以外的好處就能實現，例如：接了這件案子能締造的實績、案件帶來的知名度、介紹別的客戶……等等。另外，假如對方是廣告代理商，你可以在達成運用的目標後提高預算（亦即提高手續費）。

提供好處給夥伴，讓對方覺得跟你一起工作有好處，也是一件很重要的事。切記，要跟對方建立長期的良好關係。

⑤若是請人代為運用廣告，目標要由自己設定

如果委託代理商運用廣告，目標要由自家公司設定。

設定目標不需要專業知識。

粗略來說，運用廣告時的目標設定和目標管理，其實不過是要知道「投資多少廣告費，獲得多少業績」，亦即是否符合成本效益罷了，這樣解釋你應該就能了解本質。請你用想販售的商品或服務的價格及成交率，計算目標CPO（獲得1筆訂單所需的成本），再設定目標吧（詳細的計算方法請參照上一章的說明）！

另外，用來評鑑達成目標所需程序的指標（KPI）頗多，例如：點擊率、點擊單價、曝光次數（顯示次數）……等等，這些指標全是達成目標的必經過程中所得的數據。不管做了多少改善，假如最後不能帶來業績，就沒有任何意義。因此，我個人認為，管理程序所需的細節與深入的運用，交給專家比較能得到好結果。

你必須掌握的，其實只有「請人運用的廣告是否符合成本效益」、「是否有改善」這2點而已。關於這個部分，你只要請代理商在運用時，記得隨時回報狀況就好。如果符合成本效益，就可以繼續運用並提高預算，如果不符合就停止運用。

教訓◎專家能否發揮實力，端看你怎麼運用

不光是網路集客，做任何事，善加運用專家的能力都是非常重要的。全丟給別人而得不到好成果，對雙方而言都是很可惜的事，因此要跟對方好好往來，建立Win-Win的關係。

5 「網站製作公司能做出讓商品大賣的網站吧？」

製作公司無所不能症候群

之前F就覺得，自己必須運用網路增加生意才行，可是他不曉得該怎麼做。某天F突然萌生「得先成立網站才行」的念頭，便請認識的人介紹網站製作公司給他。經過訪談與討論後，製作公司順利完成了令F滿意的網站，並上線公開。然而，最關鍵的集客卻沒收到預期的成果，最後網站只剩下「取代公司的小冊子」這個作用。

◉製作公司的工作是……

F的問題在於，他誤以為只要委託專業的網站製作公司，就能做出招攬得到客源的網站。像F這樣，不了解製作公司的工作，抱持過多期望，最後卻沒得到好成果的情況也很常見。

網站製作公司的確是「製作專家」，卻不是「銷售專家」。就算他們擅長製作網站，也不表示他們很懂集客。因此，向製作公司諮詢集客的問題，未必能得到正確的答案。

大部分的網站製作公司，其工作的終點是「做好網站交給客戶」。既不是利用網路招攬客源，也不是銷售F公司的商品或服務。換言之，接了F的案子，製作設計與內容都符合客戶要求的網站，順利交了貨，他們的工作就完成了。

這無關好壞，單純只是工作的終點不一樣罷了。

你必須先了解網站製作公司可分成2種，一種是精於網站製作，但缺乏集客知識與實績的公司，另一種是具備行銷能力，懂得建構集客流程的公司。

很可惜本例中F委託的製作公司，正是精於設計，卻缺乏集客的知識和實績，不太擅長集客的公司。F不懂集客流程，製作公司也不擅長製作集客用的網站，既然雙方都不太懂集客，就算他們再怎麼討論並進行製作，也不可能會有好結果。

◉能否招攬到客源，幾乎取決於企劃和規劃

設計精美並不是壞事，外觀是否及格也會影響公司的可信度。不過，製作集客用的網站時，重要的卻是建構網路集客流程的企劃和規劃。

企劃與規劃集客流程時，應該先決定哪些項目呢？只是隨便舉個例子，要決定的項目就有這麼多：

- ．目標是誰？
- ．如何吸引訪客？
- ．這個網頁的目的是獲得訪客的洽詢？希望訪客索取資料？取得名單？還是銷售？
- ．網站要提供什麼內容，以建立信賴關係？
- ．想接到訂單必須經過哪些程序？

網站能否用來集客，幾乎取決於企劃與規劃。

畢竟靠的不是製作網站的知識與實績，而是行銷能力，如果製作公司不善於網路行銷，

要規劃流程就很困難。就是這個緣故，才會鮮少見到全交給網站製作公司處理，最後順利招攬到客源的情況。

不過，我的意思並非發案時，最好委託有行銷能力的製作公司。製作公司也有擅長與不擅長、會做與不會做的事，要先了解再委託工作，否則雙方都不會得到好結果。

◉想獲得成果就必須考慮這幾點

關於網站製作公司是「製作專家」而非「銷售專家」，以及網站能否用於集客，幾乎取決於企劃與規劃階段這2點，到此說明完畢。

那麼，發案給製作公司時，必須注意哪些重點呢？

這裡就不談費用、交貨期限等手續方面的內容，我只舉3個若網站目的是集客時，一定要注意的重點。

①製作網站的目的

如同前述，若沒特別說明，網站製作公司的工作終點就是「按照委託製作網站，再交給客戶」。

不消說，我們的目的不是製作漂亮的網頁，而是集客，所以一開始就必須跟對方說明清楚，我們要製作集客用的網頁。

②設定網頁的目標

要讓造訪網頁的人在最後採取何種行動，才能達成這個網站的目的呢？請先決定好目標，再跟製作公司討論。若沒訂出明確的目標，製作公司就不曉得該朝哪個方向製作才好，如此一來就有可能做出不知所云的網頁。

③獲得訂單之前的銷售流程

記得說明自家公司獲得訂單（成交）之前的流程，以便規劃網路集客的流程。舉例來說，假如網頁的目標是索取資料，就要向製作公司說明達成索取資料之目標的流程，以及從索取資料到獲得訂單的流程。

只要事先說明整體的流程，製作公司就能在企劃與規劃時評估有效性（以前例來說，就是評估索取資料這個目標是否適切），也可以從接單階段反推回去規劃網頁的內容。

以結果來看，委託外部夥伴或製作公司，是最能夠節省費用與時間的做法，但要是隨隨便便委託只會做出不符目的的網頁。要能夠做出符合集客目的的網頁，就必須注意這3項基本前提。

教訓◎與製作公司協力企劃

製作公司雖然能代替你製作網站，內容與結果卻只能由你自己負責。在發生不必要的麻煩或不樂見的結果之前，務必留意委託方式，如此就能得到好結果。

6 「製作公司每一家都差不多吧？」

網路集客不順利症候群

讓公司在短時間內急速成長的H，打算舉辦講座販售自己的Know-How，於是來找我諮詢。

H目前經營數間連鎖店，常常有不少製作公司的業務員跑來推銷。雖然每項提案聽起來都很吸引人，但他以前也委託過各種公司，卻都沒什麼好結果。

H煩惱地說：「我確實很想運用網路招攬客源，也認為這是必要的投資，但我實在不曉得該找什麼樣的公司，又該如何委託。」

◉委託工作＝投資

舉例來說，假設你要投資股票，那麼你就必須從許多上市公司中選出要買的股票。這種時候，應該沒什麼人會想都不想，閉著眼睛只憑直覺去買。至少要先調查那是怎樣的公司、經營什麼事業，否則不會購買該公司的股票吧？

如果遇到「不清楚該企業的事業內容」這類「不了解」的情況，理應會先調查或學習一下，抑或決定不要出手。

雖然跟投資股票相比金額或許小很多，發案給外部公司並支付費用，同樣是不折不扣的投資。你必須先判斷投資後能獲得多少報酬再發案。將工作委託給外部夥伴時，也要抱著相同的心態選擇公司。

◉工作要委託給誰比較好？

那麼，更具體地說，委託給什麼樣的公司比較好呢？

假如你發案的目的即是本書的主題「利用網路招攬客源」，抑或想利用網路提升業績，以下就來告訴你，該怎麼挑選公司比較好。

簡單來說，選擇「實際在網路上當一名顧客時，你覺得最好的公司、讓你想委託的公司」就對了。

舉例來說，你在網路上調查東西時，通常都是利用Google或Yahoo!之類的搜尋引擎吧，如果是年輕人則會在Twitter或Instagram上搜尋。於是，畫面上就會出現搜尋結果，或是購買了此關鍵字的廣告。接著，你會查看搜尋結果列出的標題、標題下方的文字或是圖片，然後點擊看起來有關聯、感覺還不錯的網頁連結。

點擊之後開啟網頁。有時看完網頁裡的文章覺得不錯，正好洽詢或申請的表單或按鈕設置在顯眼的地方，而且輸入又不費事，最後你就會毫不遲疑地輸入資料，也就是「展開行動」，對吧？

當你成立了自己或自家公司的網站或部落格時，能成為你顧客的人也會採取一樣的行動。假如有製作公司成功地建立了這段流程，你就可以先洽詢看看。

◉回應的速度和承辦人的說明方式也是判斷重點

相信有些人會問：「建立這種流程的公司要怎麼找呢？」這邊讓我們再回顧一次剛才的流程。

首先是「搜尋感興趣的關鍵字」，接著是「查看標題或說明文，瀏覽感覺不錯的網頁」，最後是「網頁的內容很不錯，忍不住展開行動」。無論你要找的是製作公司、設計師還是廣告代理商，只要那家公司確實為自己在網路上建立這段流程，而且還讓你想要申請，你就可以洽詢對方或請對方報價。

另外，回應的速度，也可作為判斷對方是何種公司的參考依據。請你先觀察收到回信要花多少時間，以及回信內容是否跟你原本抱持的印象不同。

之後，再觀察跟你接觸的人，也就是承辦人的應對態度，跟對方談一談。假如對方用了許多專業術語或大聊特聊Know-How，你卻聽不懂，不得不努力理解對方的意思，實際工作時很可能也會發生同樣的狀況。跟這種人一起工作，通常會讓你不明白現在到底在做什麼而造成壓力。

請你觀察對方能否不使用專業術語，改以淺顯易懂的方式說明困難的內容，再決定要不要委託。

當你在網路上招攬客源時，你的顧客也會體驗到上述的流程。倘若想委託的公司不懂得建立這段流程，那麼這家公司真有辦法為別人建立，能讓顧客主動提出申請的流程嗎？應該很難吧。相信你這麼一想就會明白了。因此，先洽詢建立了使你想要委託之流程的公司，才是正確的做法。

◉委託之前得先確認的事

那麼，洽詢或商談時，應該問什麼問題才好呢？

在你委託對方之前，請先釐清自家公司希望對方做到什麼程度。

例如：「只要幫忙設計就好」、「連要刊登的內容也一併製作」、「除了網站的運用及更新之外，也要幫忙操作SEO或廣告等集客方法」、「希望能從整體策略開始建構」……等等。

每家公司想要委託的工作內容應該都不一樣才對。

因此，要先釐清你的要求，說明時才能更容易讓對方了解。

◉至少要先確認這3個重點

釐清之後，請你在商談時詢問以下3個問題。

①可以做到什麼程度？

如果只委託對方設計，就不必問這個問題了。畢竟網頁或網站並非做好就沒事了，請你先告訴對方，自家公司在委託前決定的「想要做到什麼程度」，再詢問對方可以做到什麼程度。然後，判斷委託之後工作能否順利進行。

②要花的費用與時間

記得向對方確認，從製作到上線公開為止所需的時間，以及開始運用後到可望出現成效所需的時間。尤其是「要過多久才會出現成效」這點，有些公司會避而不談或含糊其辭，這種公司就絕對不要列入考慮。

另外，縱使內容再棒，如果費用嚴重超出預算，當然還是無法委託。因此，也要記得請對方粗估製作所需的費用，以及維護管理、運用所需的費用。

③關於實績

記得確認一下，對方有無替業種或業態接近自家公司的客戶，成功招攬到客源或提升業績的實績。雖然這只是機率問題，不過成功的實績愈多，愈值得信賴。

另外，具體的措施內容或細節，就算問了也得花腦力理解，所以暫時沒必要知道得太詳細。等你決定委託後，再向對方仔細確認就好。

◉公司多如繁星

還有，不要只找一家公司，一定要多問幾家公司。提案有比較對象，可提高判斷的精確度。就算跟對方商談或請對方報價，也不代表我們一定得發案給對方才行，所以請你放心地問問題吧！

在網路上，自家公司的商品或服務，也會被拿來跟其他公司做比較。既然會被拿來比較，就一定要贏過競爭對手才行。假如這家公司不在乎比較，就不太適合委託吧？

選擇要發案的公司時，如果找善於展現優勢或與眾不同之處的公司，那麼在委託他們製作自家公司的網站時，相信那家公司也會製作出能徹底展現自家公司優勢的網站。

◉在某些條件下不能委託的公司

其實，有些公司最好要避免跟他們合作。不過，如果你具備夠多的知識和經驗，就不必擔心這個問題了。

言歸正傳，我們最好要避免發案給什麼樣的公司呢？

具體來說，最好別找只有便宜可取、只會製作的公司。短期來看價格確實便宜，而且也能做出外觀不遜色的網站，但到了最後通常得花更多費用。

不過，講難聽點，如果你能把委託對象「當成工具」靈活運用，有些時候也是可以「列入考慮」。

我在第4章也提到，價格異常便宜必定有其原因。發案時，務必要先了解便宜的原因再委託工作。

教訓◎在網路上當一次被吸引的顧客吧！

自己實際當一次顧客，能夠獲得許多發現。假如這家公司建立了能將你吸引過去的流程，就表示他們也有能力幫你的公司建立同樣的流程，像這樣的公司就可以詢問看看。

建議你多問幾家公司，磨練發案時的判斷力，將案子委託給最適合自家公司的對象。

後記

實在非常感謝你讀到這裡。

我永遠記得，2012年1月，原本從事製造業的自己，只是學了一點皮毛，就想在網路這個截然不同的領域開創新事業。然而創業之後卻發現，這個世界才沒那麼好混。

1500日圓。

這可不是時薪，而是我利用網路賺到的、第1個月的業績。這件事如今已成為茶餘飯後的笑話。

當時我天真地以為，只要利用網路，生意總有辦法做起來。

沒想到，完全沒有顧客上門。當然也沒有業績。

所以，我非常能夠體會你拿起這本書時的心情。

＊＊＊

當時，我在各種Know-How、教材、講座砸了不少錢，但這些內容都跟網路集客真正需要的知識有些落差。我想應該不是內容不好，而是自己的錯。因為我沒掌握前提，才會以為自己明白了重要的內容，但其實我根本就沒搞懂。

所以，我盡可能在這本書裡寫了許多，學習更深入的Know-How與技巧前必須掌握的大前提，以及必須先了解不可的重點。更深入的Know-How與技巧，一樣會因時代或狀況轉變而過時無法使用。反觀本書的內容，只要你能融會貫通，理應能夠長久地運用下去。

放心。

你絕對辦得到。

因為，就連業績曾經只有1500日圓的我，都能夠學會利用網路招攬客源。

由衷希望跟當時的我有相同煩惱的人，都能在一開始就拿起這本書，讓自己不用繞遠路即可學會如何運用網路，更讓自己的事業突飛猛進。

感謝你讀到最後。

＊＊＊

讀完本書之後，若對作者我有興趣，想找我舉辦講座或演講，請儘管寫信洽詢。我的電子信箱是info@hiji-morihiko.jp。雖然回信可能要花一點時間，假如有令我心動的邀約，我一定會回覆的。

想加入Facebook朋友的話也請隨意（如果能發訊息告訴我你看過本書，我會很開心的）。

另外，講座等活動的最新消息，我隨時都會在官方網站（http://hiji-morihiko.jp/，僅有日文）上公布。請一定要來看看喔，我很期待與你見面。

2016年12月

臂守彥

謝辭

請容我借這個地方，表達一下感謝之意。

首先要感謝的是，出版本書之際，提供莫大協助的Next Service董事長暨出版製作人松尾昭仁先生、大澤先生，以及Next第14期的夥伴與諸位前輩。如果沒有各位的幫忙，我就無法出版這本書。真的很謝謝你們。

其次要感謝的是，為踏入網路世界的我帶來許多機會、實績，以及美好邂逅的Hills consulting木下昌英先生、野口洋一先生、橫山直廣先生。是我的事業夥伴，也是重要朋友的增田拓保先生。總是在學習會上與我交流寶貴資訊的各位朋友。我能從事目前的工作，都要多虧你們。謝謝你們總是親切地照看著我。

還要感謝我策劃的補習班及講座的學員。從事這份工作最令我開心的時刻，就是看到各位成功後綻露的幸福表情。真的很謝謝你們。

最後，由衷感謝始終支持著我、我最愛的妻子佐保及女兒琴葉。只要有妳們陪在身邊，我就是這個世上最幸福的人。

臂守彥

2016年12月

為閱讀本書的你獻上特別的禮物！

只要購買本書，就能獲得以下5大贈品！

①可用於實踐本書內容，有助於網路集客的各種版型

②有關網路行銷的免費影音講座，可學到我利用網路締造驚人業績的手法

③個人推薦且「正在使用」或「可以利用」的工具與系統資訊

④僅限購書者加入的Facebook祕密社團

⑤看了就能幫助你集客的電子報。不僅與時俱進更新本書內容，更傳授各種集客Know-How

請到這裡索取禮物→http://hiji-morihiko.jp/present/，僅有日文網頁

作者簡介

臂 守彥（Hiji Morihiko）

◉Hills consulting股份有限公司執行長。Media Live股份有限公司代表董事。網路行銷製作人。

◉1975年生，上智大學法學院畢業。大學畢業後，進入廣告代理公司從事業務銷售工作。這段期間以社長的得力助手之姿，於插足廣告、公關、活動企劃製作、書籍雜貨店、餐飲店、啤酒進口等事業、多角化經營的公司中，奠定廣告、公關業務之基礎並累積實務經驗。之後應父親要求，進入自家的汽車零件製造公司。在父親的公司歇業後，下定決心創業，開設Media Live股份有限公司，並於同一時期加入經手許多名人宣傳活動的網路行銷公司——Hills consulting股份有限公司。過去3年網路行銷事業的累計營收已突破4億日圓，目前仍持續成長當中。

國家圖書館出版品預行編目資料

失控的數位行銷：破解36種行銷迷思，精準掌握網路集客術 / 臂守彥著；王美娟譯. -- 初版. -- 臺北市：臺灣東販, 2018.01
288面；14.7*21公分
ISBN 978-986-475-550-9 (平裝)

1.網路行銷 2.電子行銷

496　　106022863

失控的數位行銷

破解 36 種行銷迷思，精準掌握網路集客術

2018 年 1 月 1 日初版第一刷發行

作　　者　臂守彥
譯　　者　王美娟
編　　輯　劉皓如
特約美編　鄭佳容
發 行 人　齋木祥行
發 行 所　台灣東販股份有限公司
＜地址＞台北市南京東路 4 段 130 號 2F-1
＜電話＞(02) 2577-8878
＜傳真＞(02) 2577-8896
＜網址＞http://www.tohan.com.tw
郵撥帳號　1405049-4
法律顧問　蕭雄淋律師
總 經 銷　聯合發行股份有限公司
＜電話＞(02) 2917-8022

TOHAN